Dr. Aju Jo Sankarathil

Compósitos à base de fibras de noz de areca: propriedades e aplicações associadas

Dr. Aju Jo Sankarathil

Compósitos à base de fibras de noz de areca: propriedades e aplicações associadas

Caracterização mecânica, tribológica, térmica e morfológica de desgaste de compósitos reforçados com fibras de noz de areca

ScienciaScripts

Imprint

Any brand names and product names mentioned in this book are subject to trademark, brand or patent protection and are trademarks or registered trademarks of their respective holders. The use of brand names, product names, common names, trade names, product descriptions etc. even without a particular marking in this work is in no way to be construed to mean that such names may be regarded as unrestricted in respect of trademark and brand protection legislation and could thus be used by anyone.

Cover image: www.ingimage.com

This book is a translation from the original published under ISBN 978-620-7-65280-8.

Publisher:
Sciencia Scripts
is a trademark of
Dodo Books Indian Ocean Ltd. and OmniScriptum S.R.L publishing group

120 High Road, East Finchley, London, N2 9ED, United Kingdom
Str. Armeneasca 28/1, office 1, Chisinau MD-2012, Republic of Moldova, Europe
Printed at: see last page
ISBN: 978-620-7-97972-1

Copyright © Dr. Aju Jo Sankarathil
Copyright © 2024 Dodo Books Indian Ocean Ltd. and OmniScriptum S.R.L publishing group

ÍNDICE DE CONTEÚDOS

CAPÍTULO - 1 INTRODUÇÃO 2

CAPÍTULO - 2 COMPÓSITOS À BASE DE FIBRAS NATURAIS 14

CAPÍTULO 3 INVESTIGAÇÕES SOBRE COMPÓSITOS À BASE DE EPÓXI COM FIBRAS DE NOZ DE ARECA COMO REFORÇO 38

CAPÍTULO 4 APLICAÇÕES 64

Referências 75

CAPÍTULO - 1 INTRODUÇÃO

1.1 Materiais compósitos - Uma visão geral

O sisal, a banana, a juta, o óleo de palma, o kenaf, a juta reciclada e a fibra de coco são fibras naturais que têm sido utilizadas como material compósito reforçado em várias aplicações avançadas, incluindo estruturas aeronáuticas e aeroespaciais. São também normalmente utilizadas em bens de consumo, mobiliário, habitação de baixo custo e estruturas civis. A adição de fibras rígidas a matrizes flexíveis pode resultar no desenvolvimento de novos materiais que possuem propriedades mecânicas excepcionais, combinando as vantagens das fibras e da matriz (Termonia 1990). Os compósitos reforçados com fibras são materiais robustos, rígidos e leves, compostos por fibras frágeis que se encontram no interior de um material de matriz mais maleável. De acordo com Beckermann (2007), a matriz transfere as cargas aplicadas para as fibras de reforço no compósito, conduzindo a um material com propriedades mecânicas melhoradas em comparação com o material da matriz sem reforço. Desde os anos 60, tem havido uma procura crescente de materiais mais fortes, mais rígidos e mais leves. Estes materiais são necessários em sectores como o aeroespacial, os transportes e a construção. Recentemente, as fibras naturais tornaram-se um material proeminente que pode ser utilizado como uma alternativa rentável e renovável às dispendiosas fibras sintéticas.

Foi efectuada uma extensa investigação e desenvolvimento para satisfazer os requisitos de elevado desempenho dos materiais de engenharia. Isto resultou na criação de materiais novos e melhorados, incluindo materiais compósitos que são especificamente concebidos para aplicações estruturais. Estes materiais possuem frequentemente baixas densidades, o que conduz a elevados rácios de rigidez em relação ao peso e de resistência em relação ao peso, em comparação com os materiais de engenharia convencionais. Além disso, a excecional relação entre a resistência à fadiga e o peso e a tolerância aos danos por fadiga de numerosos materiais compósitos também os tornam uma escolha muito apelativa (Noorunnisa Khanam 2007).

Os materiais compósitos podem ser classificados em cinco categorias principais: compósitos de matriz cerâmica, compósitos de matriz metálica, compósitos de matriz intermetálica, compósitos carbono-carbono e compósitos de matriz polimérica (PMC). Esta investigação centra-se principalmente no avanço dos compósitos de matriz polimérica (PMC).

A matriz termoplástica ou termoendurecida é utilizada para ligar as fibras de reforço e transmitir as tensões aplicadas do compósito às fibras. Os termoendurecíveis são um tipo de plástico que é submetido a um processo de cura e não pode ser derretido posteriormente. Incluem resinas como epóxis, poliésteres e fenólicos. Os termoplásticos, por outro lado, são plásticos que podem ser fundidos repetidamente, permitindo assim a sua reciclagem. Os termoplásticos amplamente utilizados incluem o polietileno, o polipropileno e o cloreto de polivinilo (PVC).

Os compósitos polimétricos (PMC) podem ter fibras de reforço curtas ou contínuas, sendo que o reforço com fibras contínuas oferece qualidades mecânicas superiores na direção do alinhamento das fibras. Os compósitos de fibras contínuas são predominantemente reforçados com fibras de carbono ou aramida (como o KevlarTM) de alto desempenho. Estes compósitos são frequentemente utilizados em aplicações como os compósitos para aviões, onde as extraordinárias qualidades das fibras podem ser completamente utilizadas. Os métodos habitualmente utilizados para a produção de compósitos de fibras contínuas incluem a moldagem por compressão, a colocação manual, o enrolamento de filamentos e a pultrusão. Por outro lado, os compósitos de fibra curta utilizam maioritariamente fibras cortadas, como as fibras de vidro, grafite e celulose, para reforço. Estes compósitos são mais económicos e mais simples de fabricar, tendo sido amplamente adotados em várias aplicações que exigem níveis moderados a baixos de resistência e rigidez. Os compósitos de fibras curtas podem ser processados de forma semelhante à matriz, ao contrário dos compósitos de fibras contínuas. A moldagem por compressão pode ser utilizada para criar em massa compósitos de fibras curtas utilizando uma matriz termoendurecida (Aziz et al., 2004).

As propriedades mecânicas dos materiais compósitos são significativamente afectadas pelas propriedades mecânicas e pela distribuição das fibras e da matriz, bem como pela eficácia da transferência de tensões entre os dois componentes. Ao projetar produtos compósitos, é crucial ter em conta qualidades mecânicas como a resistência e a rigidez. Estes parâmetros podem ser previstos para os compósitos de fibras curtas através de modelos matemáticos de previsão, que oferecem vários graus de precisão. A previsão das caraterísticas mecânicas dos compósitos de fibras curtas é consideravelmente mais difícil do que a dos compósitos de fibras contínuas. Os desafios resultam do intrincado processo de definição de muitos parâmetros, incluindo a dispersão, orientação e geometria das fibras (rácio de aspeto) no interior dos compósitos, bem como as fracções de volume das fibras e da matriz e a resistência ao cisalhamento interfacial entre elas.

1.2 Compósitos termoendurecíveis reforçados com fibras naturais

A presença de fibras lignocelulósicas a preços acessíveis em países tropicais apresenta uma oportunidade distinta para investigar a sua potencial utilização na criação de compósitos biodegradáveis de baixo custo para uma série de aplicações.

As fibras de carbono e de aramida de elevado desempenho, como o Kevlar, são frequentemente utilizadas como reforços em compósitos que exigem grande resistência, elevada rigidez e baixa densidade. Devido ao seu custo exorbitante, não são viáveis para uma utilização generalizada; como resultado, opções mais acessíveis, como a fibra de vidro, são regularmente utilizadas em várias indústrias. As fibras de vidro têm inúmeras vantagens, tais como a acessibilidade e a conveniência da produção, ao mesmo tempo que apresentam rácios satisfatórios de resistência e rigidez em relação ao peso. No entanto, também apresentam numerosos inconvenientes (Wambua et al. 2003).

A sua tendência para serem abrasivas representa um risco quando se trabalha com elas, uma vez que também acelera a deterioração dos aparelhos de processamento. Significativamente, as fibras de vidro podem representar um perigo potencial para a saúde dos indivíduos envolvidos no seu manuseamento. Um grande desafio associado às fibras de vidro e a outras fibras sintéticas reside no seu complexo processo de eliminação quando atingem o fim da sua vida útil. A incineração de compósitos reforçados com fibra de vidro não é viável devido ao potencial de danos no forno causados pelos resíduos. Além disso, a reciclagem de termoplásticos reforçados com fibra de vidro coloca desafios devido à ocorrência de rupturas nas fibras durante os processos de reprocessamento. O único meio de eliminação é a deposição do lixo em aterros, uma prática que está a ficar cada vez mais cara em vários países devido à aplicação de taxas de deposição (Bos et al., 2002).

A Tabela 1.1 apresenta as caraterísticas da fibra natural em comparação com o vidro E.

Tabela 1.1 Propriedades das fibras naturais em relação às do vidro E

Fibra	Densidade (g/cm^3)	Resistência (MPa)	Módulo (GPa)
Erva indiana	1.25	264	28
Cânhamo	1.29	695	42-70
Kenaf	1.4	284-800	21-60
Henequen	1.57	372	10
Fibra de folha de ananás (PALF)	1.44	413-1627	35-83
Juta	1.3-1.45	393-773	13-27
Linho	1.5	345-1100	28-80
E-Glass	2.5	2000-3500	70

Fontes: (Mohanty et al. 2000) (Mohanty et al. 2002), (Mohanty et al. 2005), (Cazaurang-Martinez et al.1991), (Aguilar-Vega et al. 1995), (Lee 1991), (Chen et al. 1994).

Devido ao seu elevado poder calorífico, as fibras naturais podem ser queimadas para recuperação de energia no final da sua vida útil, necessitando de um mínimo de energia para a sua produção. As fibras de origem vegetal absorvem dióxido de carbono durante o seu crescimento e podem ser classificadas como neutras em termos de CO2. Isto significa que, quando são queimadas no fim do seu ciclo de vida, não é emitido CO2 adicional para o ambiente (Mohanty et al., 2002). No entanto, é importante notar que as fibras de vidro não são naturalmente compostas de CO2 e, em vez disso, dependem da combustão de combustíveis fósseis para gerar a energia necessária para o seu fabrico. A combustão de produtos derivados de combustíveis fósseis emite quantidades significativas de dióxido de carbono (CO2) para a atmosfera. Este processo é amplamente considerado como o principal responsável pelo efeito de estufa e pelas variações climáticas observáveis na época atual (Wambua et al., 2003). A geometria e as qualidades das fibras naturais são influenciadas por vários factores, tais como a espécie da planta, o ambiente em que cresce, a idade da camada de câmbio, o método de colheita e as condições durante a desfibração e o processamento. As fibras de celulose podem apresentar uma grande variedade de forças de ligação a materiais de matriz polimérica, variando de fraca a forte, dependendo da modificação e compatibilidade do sistema fibra-matriz. A interface ideal entre as fibras e a matriz situa-se geralmente algures entre estas duas situações extremas. Por exemplo, quando a interface é demasiado robusta, o material compósito pode tornar-se excessivamente frágil, dando origem a um material sensível a entalhes e com fraca resistência. Isto deve-se ao facto de as falhas que concentram a tensão serem inevitáveis (Gamstedt et al., 2007).

Atualmente, existe uma vasta gama de aplicações para compósitos termoendurecíveis reforçados com fibras naturais, desde artigos domésticos a automóveis. As principais vantagens das fibras naturais em comparação com as fibras sintéticas são o seu preço acessível, a sua natureza leve, a sua forte resistência específica, a sua natureza renovável e a sua capacidade de biodegradação (Mohanty et al., 2002). A composição química e física das fibras naturais, incluindo a sua estrutura fibrosa, o teor de celulose e o ângulo microfibrilar, determinam as suas capacidades físicas e mecânicas.

Estes factores incluem a área da secção transversal e a extensão da polimerização. A absorção de humidade, que resulta no inchaço das fibras, tem sido uma desvantagem significativa para as fibras naturais. Isto leva a uma ligação enfraquecida na interface entre as fibras e a resina nos compósitos. No entanto, as fibras naturais apresentam disparidades significativas nas caraterísticas das fibras em diferentes plantas, incluindo a resistência, a rigidez, o comprimento das fibras e a área da secção transversal. Estas variações podem, em última análise, resultar em desafios na conceção de compósitos e na previsão do seu desempenho. Em comparação com as fibras sintéticas, as fibras naturais têm uma menor estabilidade térmica e só podem ser processadas e trabalhadas a temperaturas até 200°C. Uma desvantagem significativa da utilização de fibras naturais é a sua natureza hidrofílica, o que significa que absorvem água. Em contraste, as matrizes termoendurecíveis padrão, como a resina de poliéster, são hidrofóbicas e não absorvem água.

Os poliésteres, vinilésteres e epóxis constituem provavelmente cerca de 90% dos sistemas de resinas termoendurecíveis utilizados em compósitos estruturais. As propriedades estão listadas na Tabela 1.2. Existem duas categorias principais de resinas de poliéster que são normalmente utilizadas como sistema de laminação padrão no sector dos compósitos. A resina de poliéster ortoftálico é uma resina amplamente utilizada e económica que produz produtos rígidos com pouca resistência ao calor. A resina de poliéster isoftálico é cada vez mais utilizada na indústria marítima devido à sua excecional resistência à água (Mohanty et al., 2002).

Quadro 1.2 Estudo comparativo das resinas de poliéster, epóxi e viniléster

Propriedades	Resina de poliéster	Resina epoxídica	Resina de viniléster
Densidade (g/cm)^3	1.2-1.5	1.1-1.4	1.2-1.4
Módulo de Young (GPa)	2-4.5	3-6	3.1-3.8
Resistência à tração (MPa)	40-90	35-100	69-83
Resistência à compressão (MPa)	90-250	100-200	----
Elongação de tração até à rutura (%)	2	1-6	4-7
Retração de cura (%)	4-8	1-2	----
Absorção de água 24 h a 20 °C	0.1-0.3	0.1-0.4	----
Energia de fratura (KPa)	----	----	2.5

Fontes: (Sarkar et al. 1997), (Iijima et al. 1991)

1.3 Aplicação de compósitos à base de fibras naturais

A função crucial dos compósitos de fibras naturais na tecnologia inovadora está a tornar-se cada vez mais difícil de ignorar. As preocupações ambientais levaram à utilização generalizada de compósitos de fibras naturais na tecnologia de materiais modernos, permitindo avanços significativos.

A sua utilização em aplicações sofisticadas, como os componentes internos de automóveis e construções de edifícios. Há uma tendência crescente na indústria automóvel para incluir fibras naturais como o linho, o sisal ou o kenaf nos painéis de plástico da carroçaria. Estas fibras são utilizadas para reforçar as peças de acabamento do interior do automóvel, como os painéis das portas e das janelas, a chapeleira e o tejadilho. Isto pode ser visto na Figura 1.1. Os painéis compostos por fibras naturais não só possuem excelentes capacidades mecânicas, como também são mais leves do que os painéis reforçados com fibras de vidro. Isto resulta num menor consumo de combustível e, consequentemente, numa redução de custos. Além disso, devido à sua natureza renovável, as fibras naturais possuem um nível de importância ambiental mais elevado do que os plásticos derivados do petróleo. Nos últimos tempos, as fibras vegetais foram incluídas na construção de peças compostas exteriores, especificamente as coberturas do motor e da transmissão de um Mercedes-Benz Travego. Em 2002, a utilização global de fibras vegetais ascendeu a cerca de 17.000 toneladas métricas, com um teor médio de fibras de 10-15 quilogramas por veículo. A utilização de fibras vegetais na indústria é motivada não só pela redução de custos, mas também por preocupações relacionadas com a consciência ambiental. A diretiva da UE relativa aos "veículos em fim de vida" na Europa exige que 85% do peso de todos os componentes dos veículos possa ser reciclado até 2005, com um aumento adicional para 95% até 2015 (Madson et al., 2003). O termo "reciclável" no contexto dos compósitos de fibras vegetais ainda não é totalmente compreendido (Peijs 2002). As fibras vegetais podem ser completamente recicladas através da combustão e são também totalmente biodegradáveis. No entanto, a matriz polimérica sintética e os aditivos químicos não podem ser tratados da mesma forma.

Figura 1.1 Mercedes-Benz 20% de redução de peso obtida com painéis de porta termoendurecidos de linho/sisal (Evans et al. 2002)

Em última análise, as fibras naturais podem ser recicladas e reutilizadas de forma mais eficaz do que as fibras de vidro. Recentemente, tem havido um fascínio crescente em demonstrar a adequação da planta para utilização na construção de materiais como painéis de partículas com diferentes densidades e espessuras, bem como resistência ao fogo e aos insectos. Para além disso, tem mostrado potencial como adsorvente, têxtil, alimento para animais e fibras, tanto em formas novas como recicladas.

O estudo de Gharles et al. (2002) centra-se em plásticos produzidos por processos de moldagem por injeção e extrusão. Os compósitos de fibras naturais são utilizados para além da indústria automóvel. De acordo com Clemons (2002), existem atualmente pelo menos 20 fabricantes que produzem decks termoplásticos reforçados com fibras de madeira especificamente para os mercados americanos. Os polímeros reforçados com fibras de madeira são utilizados por produtores de perfis de janelas e portas num sector industrial significativo diferente (Plackett 2002). Outras aplicações de compósitos de fibras naturais que foram documentadas incluem a utilização em paredes, pavimentos, persianas, bem como em mobiliário de interior e exterior (Nickel et al., 2003). Antes da sua aplicação industrial generalizada, é imperativo aumentar a durabilidade e a rigidez destes compósitos, ao mesmo tempo que se abordam questões relacionadas com a absorção de água e a instabilidade térmica.

Os compósitos que incluem reforços de fibra são criados através da combinação de vários materiais constituintes, resultando na criação de um novo material com qualidades melhoradas. Os materiais compósitos são compostos por um material de matriz, geralmente fibras de reforço, que podem ser de vidro, aramida ou carbono e um polímero. Estas fibras são implantadas de forma segura na matriz, cumprindo o objetivo de as ancorar e distribuir uniformemente as cargas pela composição. Este material tem uma melhor firmeza, rigidez e longevidade em comparação com o material da matriz.

Os compósitos à base de fibras têm muitas utilizações em indústrias como a aeroespacial, a automóvel, a desportiva e a de produtos de consumo. O material compósito pode ser adaptado para satisfazer as necessidades específicas da utilização pretendida, tornando-o um material flexível e útil. Os compósitos utilizam normalmente fibras sintéticas e naturais para efeitos de reforço. As fibras naturais são derivadas de fontes botânicas, minerais ou animais, enquanto as fibras sintéticas são produzidas através de processos químicos. As fibras sintéticas, como o poliéster, o nylon, o acrílico e o spandex, são alguns exemplos notáveis. Estas fibras são frequentemente utilizadas em vestuário, mobiliário e outros artigos têxteis devido à sua durabilidade, leveza e baixa necessidade de manutenção. As fibras sintéticas têm frequentemente um custo mais baixo em comparação com as fibras naturais. Por outro lado, as fibras naturais disponíveis são geralmente mais permeáveis e agradáveis de usar em comparação com as fibras sintéticas e são frequentemente mais sustentáveis do ponto de vista ecológico, uma vez que são renováveis e biodegradáveis.

As fibras naturais e sintéticas oferecem certas vantagens e limitações únicas, e a seleção baseia-se principalmente em considerações que incluem o custo, a compatibilidade ambiental e as normas de desempenho. Os materiais compósitos são muitas vezes utilizados para responder a desafios técnicos. O rápido aumento da popularidade do produto pode ser atribuído a dois factores principais: o crescente conhecimento dos consumidores sobre as suas capacidades em termos de desempenho e o aumento do mercado mundial de componentes com caraterísticas de leveza (Pal, H. et al., 2011). Além disso, nos últimos anos, registou-se um aumento significativo da utilização e da popularidade dos compósitos de polímeros reforçados com fibras. Estes materiais apresentam caraterísticas distintas e apelativas para uma vasta gama de utilizações, principalmente devido à sua excelente capacidade de resistência à corrosão, à sua durabilidade e à sua flexibilidade de conceção (Bozkurt, E. et al., 2007; Nielson, M. W. et al., 2008).

Os polímeros reforçados com fibras podem ser reforçados através da utilização de fibras sintéticas ou naturais como reforços. Foi desenvolvida uma grande variedade de fibras sintéticas, incluindo kevlar, vidro, aramida, nylon, acrílico, olefina, rayon, vinil e poliéster. As fibras naturais compreendem uma vasta gama de materiais, incluindo lã, seda, algodão, cânhamo, linho, rami, juta, coco, pinho, angorá, ananás, mohair, sisal, sumaúma, linho, kenaf, fibra de madeira, banana e bambu (Schwartz., M. et al., 2009).

A procura crescente de fibras naturais como substituto das fibras sintéticas é impulsionada por mandatos legislativos e pelo reconhecimento crescente das preocupações ambientais (Krzesinska., M. et al., 2009; Islam., M. N. et al., 2010; Arbelaiz., A. et al., 2006). Várias fibras naturais, como a juta, o cânhamo, o sisal, o bambu e o linho, têm propriedades distintas, incluindo um módulo favorável, uma maior resistência específica, uma densidade económica e menor. Além disso, a sua utilização minimiza frequentemente as irritações dermatológicas e pulmonares. Além disso, possuem as qualidades de serem renováveis e biodegradáveis, como afirma Assarar (2011). De acordo com Chand. N. (Chand. N. et al., 2008), as fibras naturais como o cânhamo, o sisal, o linho e a juta têm fortes propriedades mecânicas que as tornam comparáveis à fibra de vidro em termos de resistência específica e módulo favorável. É intrigante o facto de vários tipos de fibras naturais de fácil obtenção terem demonstrado aptidão como elementos de reforço para matrizes termoendurecíveis e termoplásticas. A Figura 1.1 ilustra as várias classes de fibras naturais. Uma compreensão geral desta classificação pode ajudar as pessoas a identificar o tipo e a natureza das fibras com que estão a lidar.

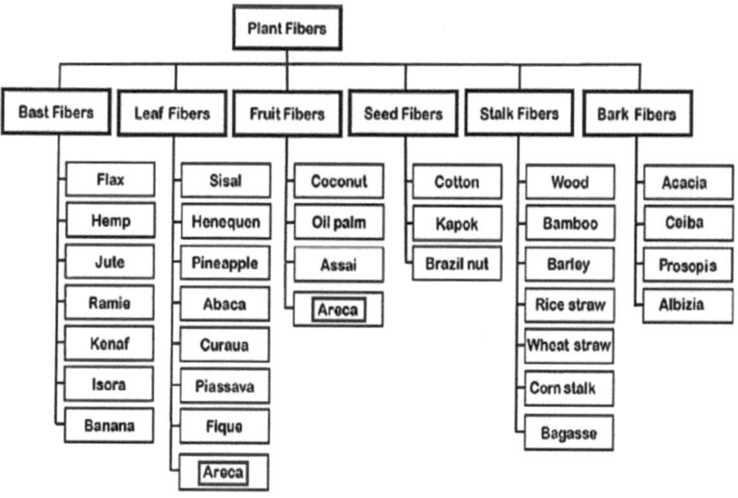

Figura 1.1 Classificação das fibras naturais

As classes em que se subdividem as fibras sintéticas disponíveis são brevemente discutidas na figura 1.2.

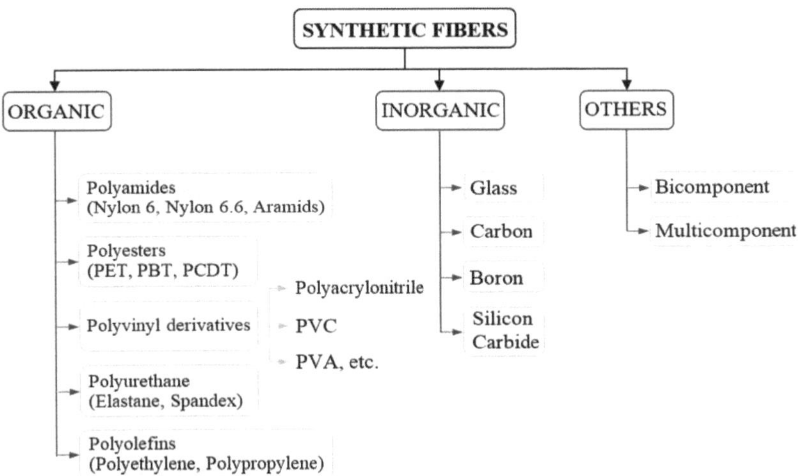

Figura 1.2 Classes de fibras de base sintética

CAPÍTULO - 2
COMPÓSITOS À BASE DE FIBRAS NATURAIS

2.1 Visão geral

Um material compósito é constituído por dois componentes principais: a fibra, que serve de reforço, e a matriz. O elemento de reforço possui a capacidade de suportar tensões de tração significativas, apesar do facto de a matriz conferir rigidez ao compósito. A aplicação de tensão no compósito leva à transferência de cargas de uma fibra para outra, facilitada pela matriz. A rigidez da matriz é frequentemente associada à fragilidade. No entanto, a integração da fibra e da matriz resulta num material durável. Os compósitos podem sofrer falhas através de deformação plástica ou fratura frágil. O comportamento mecânico dos compósitos de fibras vegetais foi definido e avaliado exaustivamente, com base na experiência existente e no conhecimento dos compósitos de fibras sintéticas. O foco da investigação envolveu principalmente a medição das caraterísticas fundamentais de tração, bem como as qualidades relacionadas com a flexão e o impacto. Foi publicado um conjunto substancial de trabalhos sobre compósitos que incorporam fibras lignocelulósicas derivadas da indústria florestal e do papel, incluindo celulose, fibra de madeira e pó de madeira. Outras investigações examinaram fibras agrícolas, incluindo kenaf, ananás, sisal, cânhamo, coco e casca de arroz.

2.2 Natural Fibras

As fibras naturais são classificadas de acordo com as suas fontes, que podem ser plantas, animais ou minerais. A Figura 2.1 ilustra uma classificação das fibras naturais. As fibras vegetais englobam vários tipos, como as fibras liberianas (caule, mole, esclerênquima), fibras foliares, fibras duras, fibras de sementes, fibras de frutos, fibras de madeira, fibras de palha de cereais e outras fibras de gramíneas (Ichhaporia 2008). As fibras naturais são frequentemente compostas por lignoceluloses, que são microfibrilas de celulose torcidas helicoidalmente e embebidas numa matriz de lignina e hemicelulose (Taj et al., 2007). A utilização de compósitos de fibras naturais como matrizes oferece vantagens significativas devido ao aumento da resistência e da tenacidade dos compósitos resultantes, em comparação com a matriz não reforçada. Além disso, as fibras naturais à base de celulose possuem elevada resistência, baixo peso, baixo custo e estão facilmente disponíveis em grandes quantidades.

Renováveis. A fibra da folha do ananás, um tipo de fibra natural lignocelulósica, pode servir como uma alternativa prática e abundante às fibras sintéticas dispendiosas e não renováveis (Mokhtar et al., 2005). A inclusão destas fibras, que possuem uma elevada resistência específica, melhora as caraterísticas mecânicas da matriz polimérica. Os países tropicais, como a Malásia, têm uma oferta abundante de plantas fibrosas, algumas das quais são cultivadas como culturas agrícolas. As caraterísticas das fibras individuais são influenciadas por factores como a quantidade de material cristalino presente, as dimensões e a forma das fibras, o seu alinhamento e a espessura das suas paredes celulares. Os gráficos de tensão-deformação das fibras demonstram a variação na sua estrutura.

A Tabela 2.1 apresenta as propriedades mecânicas das fibras naturais.

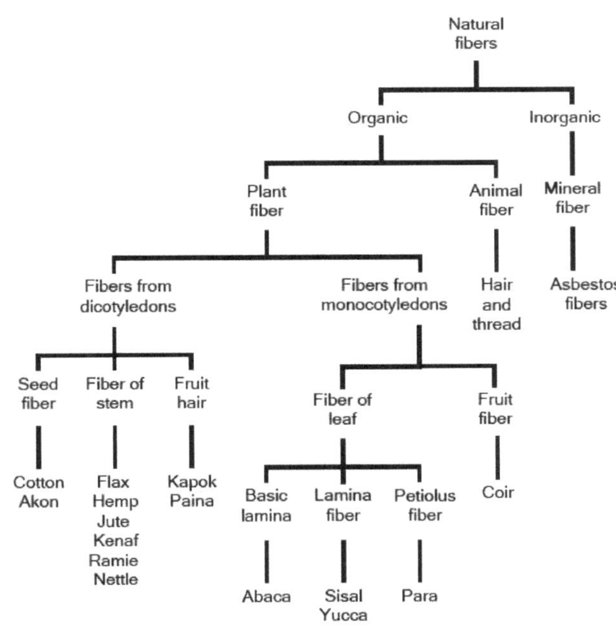

Figura 2.1 Classificação das fibras naturais (Ichhaporia 2008)

Tabela 2.1 Propriedades das fibras naturais e das fibras sintéticas (Ichhaporia 2008)

Tipo de fibra	Densidade g/cm3	Resistência à tração MPa	Módulo de Young Médicos de família	Alongamento a bico %
Algodão	1.5-1.6	287-800	5.5-12.6	7.0-8.0
Juta	1.3-1.45	393-773	13-26.5	1.16-1.5
Linho	1.50	345-1100	27.6	2.7-3.2
Cânhamo	-	690	-	1.6
Sisal	1.45	468-640	9.4-22.0	3-7
Kenaf	1.4	930	53	1.6
Ananás	-	413-1627	34.5-82.51	1.6
Fibra de coco	1.15	131-175	4-6	15-40
E-glass	2.5	2000-3500	70	2.5
Carbono	1.7	4000	230-240	1.4-1.8

2.3 Comparações de celulose natural Fibras

As fibras de celulose têm sido amplamente utilizadas na produção de muitos artigos, incluindo, mas não se limitando a, cordas, fios, vestuário, tapetes e outros produtos decorativos. Atualmente, a fibra de kenaf é utilizada principalmente na produção de vários artigos de papel e cartão, em substituição das fibras de madeira, que são as fibras de celulose mais utilizadas. As fibras de celulose mais eficientes têm alto teor de celulose e baixo ângulo de microfibrilas, variando tipicamente de 7 a 12 graus em relação ao eixo da fibra (Bos et al., 2002). Foi estabelecido que o processo de polpação do kenaf requer menores quantidades de energia e de produtos químicos em comparação com as fontes tradicionais de madeira. Devido à poluição a longo prazo causada pelas fibras artificiais, a utilização da fibra de kenaf em muitas aplicações ganhou uma atenção global significativa (Bert 2002), apesar da utilização crescente de outras formas de fibras.

Ao escolher fibras de celulose para compósitos, é importante considerar muitas qualidades físicas, como o tamanho da fibra, a estrutura, as falhas, a cristalinidade, a variabilidade e o custo (Rowell 2000). Ao escolher uma fibra para reforço de compósitos, as qualidades mecânicas tornam-se ainda mais cruciais. Para criar um material compósito robusto, é crucial incluir fibras de reforço resilientes. No entanto, a resistência à tração da fibra

A resistência dos compósitos não é determinada apenas pela temperatura, mas depende também da presença de uma forte ligação entre as fibras e a matriz, da orientação correta das fibras e da dispersão eficaz das fibras.

2.4   Matriz Materiais

Os materiais de matriz abrangem um vasto espetro de substâncias, incluindo polímeros, metais e cerâmicas. A matriz é uma substância coesiva que une os elementos de reforço através da adesão da superfície. A matriz, no contexto dos compósitos, refere-se ao material que fornece suporte estrutural e liga o reforço. Tem frequentemente uma resistência inferior à do reforço.

Reforço. A matriz plástica possui uma baixa densidade, no entanto, carece de resistência e rigidez significativas. O reforço fibroso possui alta resistência e rigidez, mas requer um material intermediário para proteger as fibras e facilitar a distribuição de tensões entre elas. A amálgama pode contrabalançar as deficiências dos seus componentes e apresentar qualidades excepcionais de leveza, robustez e durabilidade. Além disso, a alteração da seleção, das proporções e da forma do componente pode introduzir diversidade nas caraterísticas de engenharia resultantes, que podem apresentar propriedades físicas distintas a vários níveis de medição e num amplo espetro (Reinhart et al., 1987). A matriz funciona como um aglutinante, fixando os componentes de reforço na sua posição. Além disso, quando um material compósito é exposto a uma força externa, a matriz decompõe-se e distribui uniformemente a carga pelas fibras. A matriz também oferece resistência à propagação de fissuras e tem uma elevada tolerância a danos devido à deformação plástica que ocorre nos pontos das fissuras.

Além disso, a matriz serve para proteger a superfície das fibras contra impactos ambientais prejudiciais e abrasão, particularmente durante o fabrico de compósitos (Kathiresen 2004). A matriz é responsável por manter o alinhamento e a colocação corretos das fibras de reforço, assegurando que estas suportam as cargas pretendidas, distribuem as cargas uniformemente pelas fibras, resistem à propagação de fissuras e aos danos e aumentam a resistência ao corte interlaminar do compósito. Além disso, o material da matriz estabelece frequentemente a temperatura máxima a que o compósito pode ser utilizado e influencia a sua capacidade de resistir a condições externas (Reinhart et al. 1987). A matriz é utilizada para incorporar fibras robustas necessárias para estabelecer uma base robusta e rígida para aplicações de engenharia. As qualidades da matriz são frequentemente selecionadas para complementar as propriedades das fibras. Por exemplo, uma matriz com uma dureza excecional aumenta a resistência à tração das fibras. A combinação resultante apresenta uma resistência e rigidez excepcionais devido às fibras, bem como resistência à propagação da fratura, que é facilitada pelo contacto entre as fibras e a matriz.

As matrizes podem ser classificadas em dois tipos principais: termoplásticos e termoendurecíveis. Os critérios de seleção das matrizes são exclusivamente determinados pelos requisitos da utilização final do compósito. Se um material compósito requer resistência química e resistência a temperaturas elevadas, as matrizes termoendurecíveis são recomendadas em vez das termoplásticas. Os termoplásticos são a escolha ideal quando é necessário um material compósito com elevada tolerância aos danos e reciclabilidade (Azura 2007).

2.4.1 Termoendurecível

A resina termoendurecível é um tipo de plástico que começa como um monómero líquido ou pré-polímero e é transformado num material sólido, que não derrete e não se dissolve, através da utilização de calor ou de um catalisador (Sinha 2000). Os polímeros termoendurecíveis são caracterizados pela presença de ligações covalentes que unem as cadeias poliméricas numa estrutura tridimensional. Estas ligações servem para evitar que as cadeias deslizem umas sobre as outras, o que leva a um aumento do módulo e a uma maior resistência à fluência. A resina líquida é submetida a um processo de reticulação química durante a cura, que requer a aplicação de calor e a inclusão de produtos químicos de cura ou endurecedores, resultando na sua transformação num sólido duro e rígido. Após o processo de cura, a resina forma uma estrutura de rede tridimensional coesa, que impede a sua fusão, moldagem ou reprocessamento através de aquecimento. Assim, no processo de fabrico de compósitos, é crucial efetuar o processo de impregnação, seguido da moldagem e solidificação, antes do início da cura da resina (Kathiresen 2004). As resinas termoendurecíveis apresentam fragilidade e baixa resistência à fratura quando expostas à temperatura ambiente. No entanto, num ambiente como a água ou o ar húmido, o laminado com microfissuras absorve uma quantidade significativamente maior de água em comparação com um laminado sem fissuras. Consequentemente, ocorre um aumento de peso, o que faz com que a humidade tenha um impacto negativo na resina e nos agentes de colagem de fibras. Isto resulta numa diminuição da rigidez e num declínio gradual das qualidades gerais ao longo do tempo. A adesão melhorada entre a resina e as fibras é frequentemente conseguida através de uma combinação das propriedades químicas da resina e da sua compatibilidade com os tratamentos químicos de superfície aplicados às fibras. As qualidades adesivas reconhecidas do epóxi ajudam a aumentar as tensões de microfissuração dos laminados (Penczek 2005). A tenacidade da resina, embora difícil de quantificar, é geralmente representada pela sua tensão final até à rotura. A Figura 2.6 ilustra uma comparação de vários sistemas de resina. No entanto, devido à sua estrutura tridimensional reticulada, as resinas termoendurecíveis proporcionam uma excelente estabilidade térmica, resistência química, estabilidade dimensional e qualidades de fluência. Os poliésteres insaturados, os epóxis, os ésteres de vinilo e os fenólicos são as resinas termoendurecíveis mais frequentemente utilizadas no fabrico de compósitos. Os termoendurecíveis apresentam geralmente maior fragilidade em comparação com os termoplásticos, tal como referido por Rahmat et al. (2003).

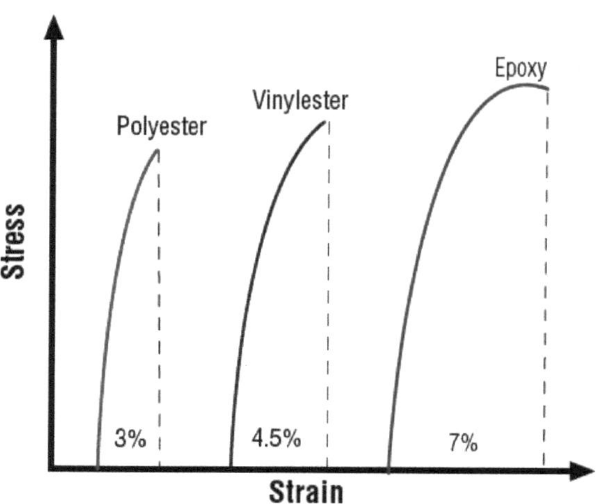

Figura 2.6 Curvas típicas de tensão/deformação da resina (www.spsystems.com)

Os poliésteres, vinilésteres e epóxis constituem provavelmente cerca de 90% dos sistemas de resinas termoendurecíveis utilizados em compósitos estruturais. A Tabela 2.5 fornece uma lista abrangente das principais vantagens e desvantagens associadas a cada uma destas resinas.

Quadro 2.5 Estudo comparativo das vantagens e desvantagens das resinas termoendurecíveis

Resina	Vantagens	Desvantagens
Poliéster	Fácil de utilizar O custo mais baixo das resinas disponíveis (£1-2/kg)	Propriedades mecânicas apenas moderadas Elevadas emissões de estireno em moldes abertos Elevada retração de cura

		Gama limitada de horários de trabalho
Viniléster	Resistência química/ambiental muito elevada Propriedades mecânicas superiores às dos poliésteres	A pós-cura é geralmente necessária para propriedades elevadas Elevado teor de estireno Custo mais elevado do que o dos poliésteres (£2-4/kg) Elevada quebra de cura
Epóxi	Elevadas propriedades mecânicas e térmicas Elevada resistência à água Longos tempos de funcionamento disponíveis A resistência à temperatura pode ir até 140°C (húmida)/220°C (seca) Baixa retração de cura	Mais caro do que os vinilésteres (£3-15/kg) Mistura crítica Manuseamento de produtos corrosivos

Fontes: (Pritchard 1980), (Sarkar et al. 1997), (Mukherjee et al. 1984), (Iijima et al. 1991)

2.4.2 Reticulação de poliésteres insaturados

A solução de pré-polímero-estireno pode ser reticulada pelo utilizador de forma sequencial para criar um material rígido e estrutural. Isto é conseguido através de uma copolimerização radical livre entre o monómero de estireno e as ligações duplas de poliéster derivadas do ácido dicarboxílico insaturado (Skrifvars 2000). A copolimerização é iniciada por peróxidos gerados através de uma reação redox com sais de cobalto ou por meios térmicos. Durante o processo de reticulação, a resina sofre gelificação, que é uma transformação física significativa e repentina. A viscosidade sofre um rápido aumento, fazendo com que a resina apresente propriedades elásticas e actue de forma semelhante à borracha (Åström 1997). O ponto de gel refere-se ao momento em que uma rede molecular infinita começa a desenvolver-se durante um processo. O tempo necessário para atingir este ponto é conhecido como o tempo de gel (Shukla et al., 2006). A reação química persiste no estado de gel, resultando em mais ligações cruzadas do poliéster dentro da rede. As moléculas de poliéster acabarão por ser interligadas em vários locais ao longo da rede, resultando na formação de uma molécula única e maciça. A reação de reticulação é muito exotérmica, resultando num aumento significativo da temperatura de 100-200°C. O aumento específico da temperatura depende de factores como a composição da resina, a espessura do laminado e o sistema iniciador (Skrifvars 2000). Mesmo depois de atingir o estado sólido final, ainda haverá monómeros de estireno que não reagiram e ligações duplas residuais. Para eliminar esta reatividade remanescente, é necessário efetuar a pós-cura através do aquecimento do poliéster insaturado reticulado a uma temperatura que exceda a sua temperatura de transição vítrea. O processo de desenvolvimento da rede é normalmente referido na literatura como cura, e o nível de cura é medido pela densidade de reticulação (Shukla et al. 2006).

2.4.3 Cura Agentes

O sistema de cura inclui dois componentes: peróxidos, que actuam como catalisadores, e cobalto, que serve como acelerador. Os catalisadores predominantes utilizados são o peróxido de metil-etil-cetona (MEKP) e o peróxido de ciclo-hexanona, disponíveis no mercado, enquanto a dimetil-anilina (NNDAM) é utilizada como acelerador. O MEKP é um líquido, enquanto o peróxido de ciclo-hexanona é um pó. O MEKP pode ser quantificado com exatidão utilizando uma bureta, embora seja crucial assegurar que o líquido é distribuído uniformemente (Chin 2008). A reação de cura é um processo complexo que é influenciado por vários elementos, incluindo o clima, a humidade, a consistência da resina, as condições de armazenamento dos materiais, os fornecedores e as condições do equipamento (Strong 1989).

A cinética de cura de uma resina de poliéster insaturada foi investigada utilizando o tempo de gel e medidas de exotermia pseudo-adiabática (Beheshty 2005). O indivíduo chegou à conclusão de que um

O tempo de gel foi reciprocamente diminuído e a taxa de polimerização foi aumentada por um aumento nas quantidades de iniciadores de peróxido de metil-etil-cetona ou de peróxido de acetil-acetona, ou do acelerador de octoato de cobalto. Foram utilizadas diferentes combinações de iniciadores com baixas e altas temperaturas de decomposição, bem como promotores duplos, para solidificar uma resina de poliéster insaturado. O estudo realizado por Kuang (2006) utilizou soluções de Peróxido de Metil Etil Cetona (MEKP) e Peróxido de Acetil Acetona (AAP) como iniciadores para reacções a baixa temperatura. Para as reacções a média e alta temperatura, foram utilizados o peróxido de benzoílo (BPO) e o perbenzoato de t-butilo (TBPB) como iniciadores de decomposição, respetivamente. Atta et al. (2005) estudaram o impacto do iniciador duplo nas reacções exotérmicas. Os resultados indicam que a utilização de um iniciador duplo ou de um promotor duplo pode evitar reacções exotérmicas rápidas. Cook (1990) efectuou um estudo para examinar as caraterísticas de compressão e o comportamento de cura de resinas de poliéster insaturado quando combinadas com resina de éster de vinilo. Os resultados indicam que o aumento da temperatura de cura e da concentração de éster vinílico resultou num aumento significativo da resistência à compressão e do módulo de Young. Vários aditivos, incluindo inibidores, estireno, carga, oxigénio, retardadores de chama, reforços e capacidade térmica do molde, podem desacelerar a reação de cura.

As propriedades mecânicas do poliéster insaturado com acetato de polivinilo (PVAc) como agente de cura foram investigadas por Hayaty et al. em 2004. Descobriu-se que as caraterísticas mecânicas da resina curada diminuem à medida que o teor de (PVAc) aumenta. Os investigadores sugerem normalmente a utilização de concentrações de MEKP que variam entre 0,75% e 2,5%. De acordo com Louis (2007), o MEKP não é uma entidade química singular, mas sim uma combinação de monómeros, dímeros e outros constituintes. Além disso, ele incorporou uma proporção de estireno na produção de poliéster insaturado e MEKP, a fim de facilitar o processo de copolimerização, resultando na formação de uma rede interconectada de moléculas. A polimerização do material ocorreu através da decomposição do iniciador químico peróxido, resultando na formação de radicais livres, que são compostos com electrões desemparelhados. Durante o processo de cura, o calor e as reacções químicas provocam o aumento da temperatura de transição vítrea (Tg). Isto leva à formação de material sólido, uma vez que os radicais livres são isolados, resultando numa mudança de fase de líquido para sólido. Este processo é conhecido como vitrificação. O aumento da concentração do iniciador de peróxido durante o processo de cura pode causar uma diminuição da rede reticulada no material, levando a uma queda nas suas qualidades físicas, especificamente na densidade, e resultando num material mais fraco.

2.5 Questões relacionadas com a utilização de fibras naturais de celulose em compósitos

As fibras naturais possuem inúmeras vantagens em comparação com as fibras sintéticas ou artificiais, o que as torna muito atractivas como reforços para estruturas compósitas. As vantagens destas fibras incluem a sua baixa densidade, preço acessível, natureza não abrasiva, elevados níveis de lavoura, baixo consumo de energia, excelentes propriedades de resistência específica, biodegradabilidade, disponibilidade global (Anand et al., 1995), abundância, capacidade de renovação, facilidade de separação e sequestro de dióxido de carbono. Em contraste com as fibras sintéticas frágeis, as fibras naturais possuem flexibilidade e são menos propensas a fracturas durante o processo de fabrico de compósitos. Isto permite que as fibras mantenham os rácios de aspeto adequados, o que, por sua vez, garante um reforço eficaz do material compósito (Mohanty et al., 2005). A principal função do reforço num material compósito é melhorar as propriedades mecânicas do sistema de resina pura. Cada tipo de fibra utilizada nos materiais compósitos possui qualidades distintas, que, consequentemente, afectam as propriedades do material compósito de formas diferentes. As qualidades mecânicas da maioria das fibras de reforço são significativamente superiores às dos sistemas de resina de corrosão. As propriedades mecânicas do compósito fibra/resina são influenciadas principalmente pela contribuição da fibra para o compósito (Beckermann 2007). A contribuição da fibra é regida por quatro factores principais:

1. As caraterísticas mecânicas fundamentais da própria fibra
A interface refere-se à interação entre a superfície da fibra e a resina.
3. A percentagem de peso da fibra no compósito 4

.

O alinhamento das fibras no compósito
Dois atributos significativos das fibras que afectam as suas qualidades são os comprimentos variáveis e os diâmetros desiguais. Estas questões têm apresentado desafios significativos na estimativa exacta da resistência das fibras.

2.5.1 Efeito da fibra natural nas propriedades mecânicas dos compósitos

Os compósitos de fibra natural/plástico à base de Kenaf têm potencial para substituir os plásticos reforçados com vidro em vários sectores, incluindo a indústria automóvel, a embalagem e a construção/habitação. Os compostos possuem as propriedades mecânicas e de resistência dos polímeros com enchimento de vidro, mas são mais económicos e, em muitos casos, totalmente recicláveis (Parikh et al. 2002). Numerosos estudos examinaram as caraterísticas da fibra de kenaf. Um estudo teve como objetivo melhorar a sustentabilidade do kenaf e avaliar os efeitos dos processos de maceração e da percentagem de mistura nas suas qualidades.

O estudo realizado em Pequim em 2003 examinou as qualidades físicas da fibra de kenaf, bem como os fios e tecidos que incorporam kenaf. Foram efectuadas numerosas investigações a nível mundial para demonstrar que o kenaf tem potencial para gerar compósitos à base de kenaf que possuem caraterísticas físicas e mecânicas satisfatórias. O estudo realizado por Shibata et al. em 2006 examinou o impacto da compressão de fibras em compósitos compostos por fibras de kenaf e de bambu, bem como por resina biodegradável. O módulo de flexão apresentou uma correlação positiva com o aumento do teor de fibras. No seu estudo, Clemons et al (2007) examinaram a forma como o desempenho de impacto do compósito de polipropileno reforçado com fibras de kenaf é influenciado por factores como o teor de fibras, o agente de acoplamento e a temperatura. As caraterísticas de tração dos feixes de fibras liberianas de kenaf e dos fios de epóxi reforçados com fibras liberianas de kenaf foram avaliadas através de uma experimentação exaustiva e de uma modelação baseada nos princípios da micromecânica (Xue et al., 2009).

A hibridação é o processo de combinação de dois ou mais tipos de fibras numa única matriz, resultando num material denominado "híbrido" ou "compósito híbrido". Já foram documentados vários inquéritos no domínio dos compósitos híbridos de fibras naturais. No seu estudo, Huda et al. (2007) examinaram o impacto da incorporação de cargas de silano-talco nas caraterísticas mecânicas e físico-mecânicas de compósitos híbridos de poli(ácido lático) (PLA)/fibras de celulose de jornal recicladas (RNCF)/talco. Os compósitos híbridos exibiram propriedades melhoradas, incluindo maior resistência à flexão e módulo. Os autores Thiruchitrambalam et al. (2009) efectuaram um estudo que comparou as propriedades mecânicas de compósitos híbridos de banana/kenaf tratados com lauril sulfato de sódio (SLS) e hidróxido de sódio (NaOH). A aplicação do tratamento químico resultou em melhores caraterísticas mecânicas tanto para os compósitos híbridos misturados aleatoriamente como para os tecidos. O estudo realizado por Satish et al. (2010) revelou que o aumento da tensão de cisalhamento em espécimes de compósitos híbridos sob carga de tração e compressão no plano não é apenas determinado pela resistência da fibra, mas também pela interface entre a fibra e o material da matriz. A melhoria das propriedades mecânicas dos compósitos híbridos levou a um aumento da percentagem de volume da matriz, o que, por sua vez, melhorou as qualidades de absorção de energia dos compósitos. Verificou-se que o aumento da quantidade de fibra resultou num aumento do módulo de flexão, tal como referido por Kuan et al. (2009) e Mingchao et al. (2009).

2.5.2 Colagem de fibras naturais e o efeito da humidade

As fibras de celulose derivadas de plantas possuem polaridade e hidrofilicidade inerentes devido à sua composição química. As fibras vegetais são constituídas por componentes não celulósicos, incluindo hemiceluloses, lenhina e pectina. Entre estes, as hemiceluloses e a pectina são os componentes primários.

Altamente atractivos para a água. Estes componentes possuem numerosos grupos hidroxilo (OH) e ácido carboxílico facilmente acessíveis, que servem como locais activos para a absorção de água (Lilholt et al. 2000). Em geral, é necessária uma ligação fraca e esparsa entre as fibras para aumentar a capacidade do material de absorver uma grande quantidade de humidade. As fibras de celulose podem apresentar uma vasta gama de forças de ligação a materiais de matriz polimérica, dependendo das modificações e da compatibilidade. A interface ideal situa-se geralmente entre as duas situações extremas (Gamstedt et al., 2007). Os grupos hidroxilo (--- OH) presentes na cadeia primária do polímero de uma resina servem como locais de ligação de hidrogénio com a superfície das fibras naturais, que possuem vários grupos hidroxilo na sua composição química. Por conseguinte, a resina de poliéster, que não possui grupos hidroxilo na sua estrutura molecular, apresenta normalmente a força de ligação mais baixa. É fundamental melhorar a ligação entre as fibras e a matriz. Isto pode ser conseguido alterando a superfície das fibras para aumentar a sua compatibilidade com a matriz, ou modificando a matriz através da incorporação de um agente de acoplamento que adira fortemente às fibras e à matriz (Maldas et al., 1994).

2.5.3 Térmica Estabilidade

A estabilidade térmica limitada das fibras de lenhinocelulose é um constrangimento que limita a sua utilização extensiva em compósitos. Para evitar a deterioração das fibras durante o processamento, as temperaturas são limitadas a um máximo de 200°C e o tempo de processamento é minimizado tanto quanto possível (Wielage et al. 1999). Esta limitação também restringe as opções para os materiais da matriz polimérica. Temperaturas elevadas superiores a 150°C podem resultar em modificações irreversíveis das caraterísticas físicas e químicas das fibras lignocelulósicas, como as encontradas na madeira (Yildiz et al., 2006). A durabilidade biológica da madeira pode ser melhorada com tratamentos térmicos efectuados a temperaturas elevadas, embora este processo conduza a uma diminuição da rigidez e da resistência.

2.5.4 Absorção de humidade

As fibras naturais têm propriedades hidrofílicas inerentes, resultando num teor de humidade que varia entre 3-13%. Isto pode resultar num contacto altamente inadequado entre a fibra e a matriz, bem como numa resistência extremamente limitada à absorção de humidade (Bledzki et al. 1999). Os produtos lignocelulósicos têm um problema bem documentado com a absorção de água e uma falta de estabilidade em termos de dimensões. A humidade excessiva na parede celular da fibra pode provocar a expansão da fibra e alterar as dimensões do compósito, especialmente na direção da espessura da fibra (Rowell 1997). O principal problema relacionado com o inchaço das fibras é a diminuição da

A adesão entre a fibra e a matriz, como discutido por Joseph em 2002, leva à descolagem. Em circunstâncias de humidade, estes compósitos têm caraterísticas mecânicas extremamente baixas. Assim, a secagem das fibras antes do processamento é um elemento crucial, uma vez que a presença de água na superfície da fibra funciona como um agente segregador na interface fibra-matriz. Além disso, a evaporação da humidade durante o processo de reação leva à formação de vazios na matriz. Estes factores resultam numa redução gradual das caraterísticas mecânicas dos compósitos reforçados com fibras naturais ao longo do tempo (Bledzki et al., 1999).

2.5.5 Separação de fibras e Dispersão

Para obter um desempenho ótimo do material compósito, é imperativo assegurar uma distribuição uniforme das fibras pela matriz. Uma distribuição óptima implica a separação completa das fibras umas das outras, com cada fibra a ser totalmente envolvida pela matriz. Uma dispersão inadequada das fibras pode fazer com que as fibras se aglomerem e formem aglomerados, resultando numa mistura desigual com secções que têm uma maior concentração de resina e áreas que têm uma maior concentração de fibras. A presença de segregação no material é desfavorável, pois leva à formação de regiões fracas com alta concentração de resina, enquanto as áreas com maior concentração de fibras (aglomerados) tornam-se mais propensas a microfissuras (Painchaud et al. 2006). A presença de microfissuras afecta negativamente as propriedades mecânicas do compósito, resultando num desempenho inferior. Assim, é imperativo garantir uma distribuição uniforme das fibras para obter uma resistência e um desempenho óptimos do material compósito.

Para conseguir uma distribuição uniforme e homogénea das fibras numa matriz compósita, é essencial separar as fibras umas das outras, efetuar modificações nas fibras e/ou na matriz para aumentar a compatibilidade e assegurar que os comprimentos das fibras são tais que não se emaranham (Albuquerque et al. 2000). Para extrair as fibras dos seus feixes de fibras, é essencial dissolver tanto a pectina como a lenhina, uma vez que ambas as substâncias são responsáveis pela ligação entre as fibras individuais. Para melhorar a ligação entre a fibra e a matriz, as fibras são submetidas a modificações químicas utilizando técnicas como a desparafinagem, o tratamento alcalino, a cianoetilação, o branqueamento e o enxerto de polímeros vinílicos. Como previsto, várias alterações químicas melhoram as qualidades mecânicas, incluindo a resistência à tração, a resistência à flexão e a resistência ao impacto (Rout 2001). John e os seus colegas (2008) efectuaram a alteração química de fibras de kenaf. Utilizaram quantidades variáveis de NaOH e analisaram as alterações morfológicas utilizando um Microscópio Eletrónico de Varrimento (SEM). Foi observado que as propriedades mecânicas das fibras de kenaf tratadas eram superiores às das fibras não tratadas. Além disso, a concentração óptima de

A concentração de NaOH foi determinada como sendo de 6%. Foi observada uma redução na quantidade de contaminantes superficiais no caso das fibras tratadas. Além disso, foram efectuados testes de feixes de fibras, revelando que a resistência dos feixes de fibras tratadas com NaOH a 6% era 13% superior.

2.5.6 Resistência à tração da fibra, módulo de Young e peso fração

As fibras de reforço desempenham um papel crucial na atribuição de resistência e rigidez a um material compósito. Para criar um material compósito com melhores qualidades, é importante utilizar a resistência à tração e o módulo de Young das fibras. A fração volumétrica da fibra (Vf) é um fator crucial na definição das propriedades mecânicas do material compósito. Os compósitos compostos por fibras frágeis numa matriz polimérica maleável podem sofrer dois modos de rotura distintos, dependendo se a fração volumétrica das fibras é superior ou inferior a um valor mínimo especificado (Vmin), como se pode ver na Figura 2.7. Se um compósito com uma fração volumétrica (Vf) inferior à fração volumétrica mínima (Vmin) for sujeito a tensão, a matriz polimérica é capaz de suportar a carga aplicada depois de as fibras se terem fracturado. A falha das fibras não resulta na falha do compósito, mas causa um aumento da tensão na matriz. A presença de orifícios na matriz polimérica pode ser atribuída às fibras que falharam e que atualmente não suportam qualquer carga. Se um compósito com uma fração volumétrica de fibras (Vf) superior à fração volumétrica mínima (Vmin) for sujeito a tensão, a falha frágil das fibras resulta na falha de todo o compósito. Isto deve-se ao facto de a matriz polimérica ser incapaz de suportar a carga adicional que é passada das fibras para a matriz (Bowen et al., 2005). Quando a fração volumétrica de fibras (Vf) é superior à fração volumétrica mínima (Vmin), existe um determinado ponto em que a resistência do material compósito excede a resistência do material da matriz isoladamente. Este ponto é referido como a fração volumétrica crítica das fibras (Vcrit) (Alger 1996). Shibata et al. (2006) realizaram um estudo para examinar como a quantidade de fibra e o comprimento da fibra afectam as propriedades de flexão. Os investigadores utilizaram fibra de kenaf e cola biodegradável para criar um material compósito, que foi depois formado por prensagem a quente. Descobriu-se que o módulo de flexão crescia à medida que a fração de volume da fibra aumentava, atingindo um valor máximo de 3991 MPa a 62%. O aumento do módulo de flexão foi o resultado da segregação de fibras observada perto da superfície.

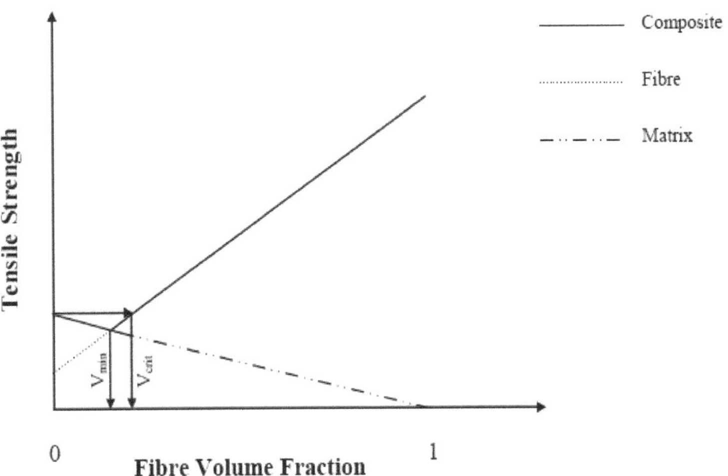

Figura 2.7 Relações teóricas entre a resistência à tração e a fração de volume de fibra de compósitos reforçados com fibras curtas (Bowen et al. 2005).

2.5.7 A importância dos compósitos de fibra híbrida

Outro campo de estudo intrigante é o dos compósitos híbridos. A hibridação refere-se à criação de uma entidade jurídica constituída por duas ou mais fibras numa única matriz. O material resultante é chamado de compósito híbrido. O principal objetivo deste trabalho é analisar e descrever a composição do compósito híbrido feito de kenaf e fibras de juta recicladas. A fibra de juta obtida a partir de sacos de compras foi reciclada. Antes disso, os sacos de juta eram utilizados para o armazenamento de amendoins.

Vários estudos já documentaram resultados na área dos compósitos híbridos de fibras naturais. No seu estudo, Huda et al. (2006) examinaram a forma como a inclusão de cargas de silano-talco afectava as caraterísticas mecânicas e físico-mecânicas de compósitos híbridos feitos de poli (ácido lático) (PLA), fibras de celulose de jornal recicladas (RNCF) e talco. Os resultados demonstraram que os compósitos híbridos apresentavam propriedades melhoradas, incluindo maior resistência à flexão e módulo. Thiruchitrambalam et al. (2009) efectuaram um estudo que comparou as propriedades mecânicas de compósitos híbridos de banana/kenaf submetidos a diferentes tratamentos químicos, incluindo lauril sulfato de sódio (SLS) e hidróxido de sódio (NaOH). A análise concluiu que o tratamento químico SLS produziu um desempenho mecânico superior tanto para a mistura aleatória como para os compósitos híbridos tecidos. O estudo efectuado por Satish et al. (2010) centrou-se nos impactos.

de espécimes de compósitos híbridos sob cargas de tração e compressão no plano. Os investigadores determinaram que o aumento da tensão de corte dependia não só da resistência das fibras, mas também da interação entre as fibras e o material da matriz. Além disso, Kuan et al. (2009) e Mingchao et al. (2009) efectuaram uma investigação sobre as propriedades mecânicas dos compósitos híbridos. Os resultados demonstraram que o aumento da fração de volume da matriz teve um impacto positivo nas propriedades de absorção de energia dos compósitos híbridos.

2.6   Tratamento de fibras e Modificação

As fibras lignocelulósicas foram submetidas a um tratamento de superfície para melhorar a ligação interfacial e diminuir a absorção de humidade. Estas alterações são efectuadas através de técnicas biológicas, físicas e químicas.

Tratamento alcalino

O tratamento alcalino é uma técnica de grande sucesso para melhorar a adesão entre as fibras e a matriz em compósitos feitos de fibras naturais. A polpação de fibras de madeira para utilização em papel tem utilizado extensivamente tratamentos alcalinos das fibras, especificamente hidróxido de sódio (NaOH) ou combinações de hidróxido de sódio e sulfito de sódio (Na2SO3) (Walker 1993). Os tratamentos alcalinos, particularmente quando efectuados a altas temperaturas, podem provocar a decomposição específica da lenhina, da pectina e das hemiceluloses na parede da fibra, sem ter qualquer impacto nos componentes da celulose (Walker 1993). A maioria dos compósitos de resina termoendurecida reforçados com fibras naturais requer um tratamento alcalino para otimizar a eficácia das fibras como reforço. Para além da cianoetilação e do branqueamento, o tratamento alcalino provou ser o método mais simples e económico para melhorar as fibras naturais como material de reforço (Ray et al., 2001). Onal et al. (2009) examinaram o impacto do tratamento alcalino nas caraterísticas mecânicas de compósitos feitos de resíduos de fios de juta de tapetes. Os resultados demonstraram que os compósitos sujeitos a tratamento alcalino apresentavam propriedades mecânicas melhoradas. Este facto pode ser atribuído à capacidade do tratamento para aumentar as capacidades adesivas da superfície da fibra e melhorar a resistência ao impacto dos compósitos. Além disso, o estudo examinou a forma como as propriedades mecânicas e térmicas dos compósitos feitos de fibras longas e aleatórias de cânhamo e kenaf eram afectadas pelo alinhamento das fibras e pela alcalinização. Os investigadores estudaram os efeitos dos compósitos de fibras longas e alcalinizadas.

De acordo com Sharifah et al. (2004), os compósitos feitos de fibras tratadas exibiram módulo de flexão e resistência à flexão superiores aos compósitos feitos de fibras não tratadas. Os compósitos longos de kenaf-poliéster alcalinizados apresentam caraterísticas mecânicas melhoradas em comparação com os compósitos longos de cânhamo-poliéster alcalinizados. Além disso, a investigação DMA revelou que os compósitos de fibra tratados com álcali tinham valores elevados de módulo de armazenamento, que são indicativos de módulos de flexão aumentados. As Figuras 2.8 (a) e (b) mostram os feixes de fibras de kenaf não tratados e tratados com 6% de NaOH, respetivamente, de uma perspetiva longitudinal. A superfície da fibra de kenaf não tratada exibe uma presença conspícua de imperfeições superficiais. Quando se compara a fibra não tratada com a fibra de kenaf tratada com NaOH a 6%, é evidente que a superfície da fibra tratada parece áspera e recortada.

Depois de submeter os feixes de fibras a um tratamento com NaOH a 6%, a cera, o óleo e outros contaminantes da superfície são eliminados, e o tratamento também faz com que a superfície dos feixes de fibras se torne áspera.

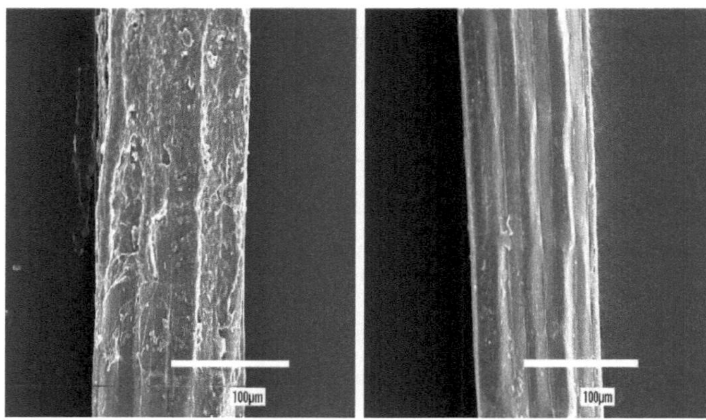

Figura 2.8 As micrografias SEM de vistas longitudinais de a) fibra de kenaf não tratada e b) fibra de kenaf tratada com NaOH a 6% (Sharifah at el. 2004)

2.7 Processamento de compósitos termofixos reforçados com fibras

Os métodos de fabrico adequados para a produção de compósitos termoendurecidos reforçados com fibras naturais consistem na técnica de colocação manual para fibras unidireccionais, tapetes e tecidos, moldagem de folhas (SMC) e moldagem em massa (BMC) para fibras curtas e cortadas, enrolamento de filamentos e pultrusão para fibras contínuas. Nas fibras naturais, não existem fibras contínuas, como as encontradas nas fibras artificiais. O comprimento de certas fibras naturais individuais

A altura máxima do objeto é de 4 metros. No entanto, se for constituído por um grupo de fibras alinhadas na mesma direção, o comprimento das fibras pode exceder 4 metros (Satyanarayana 1990).

2.7.1 Mão Lay-Up

A colocação manual é o processo de fabrico mais antigo (mais simples, mas mais amplamente utilizado) para os materiais compósitos. Essencialmente, envolve a colocação manual de fibra seca no molde ou mandril e a aplicação subsequente de matriz de resina. O compósito húmido é então enrolado utilizando rolos manuais para facilitar a distribuição uniforme da resina, para assegurar uma melhor interação entre o reforço e a matriz e para atingir a espessura necessária (Mallick 1993). A estrutura em camadas é então curada. De um modo geral, o processo de fabrico por estratificação manual divide-se em quatro etapas essenciais: preparação do molde, revestimento com gel, estratificação e cura. Recentemente, a automatização parcial da colocação manual foi conseguida através do processo de pulverização, em que o método de aplicação da matriz de resina é ligeiramente diferente da colocação manual. O equipamento mais dispendioso é, normalmente, uma pistola de pulverização para a aplicação da resina e do gel coat. Alguns fabricantes deitam ou escovam a resina nos moldes para que não seja necessária uma pistola de pulverização para este passo. Não existe praticamente nenhum limite para o tamanho da peça que pode ser fabricada.

Num processo específico de colocação manual (também conhecido como colocação húmida), a resina de elevada solubilidade é pulverizada, vertida ou escovada num molde. O reforço é então humedecido com resina. O reforço é colocado no molde. Dependendo da espessura ou da densidade do reforço, este pode receber resina adicional para melhorar a humidade e permitir uma melhor capacidade de escoamento na superfície do molde (Strong 1989). O reforço é então enrolado, escovado ou espremido para distribuir uniformemente a resina, para remover o ar aprisionado e para o compactar contra a superfície do molde. No entanto, não é possível carregar muita fibra com esta técnica. A quantidade de carga de fibra depende em grande parte do método de processamento. Isto também depende das caraterísticas anatómicas das fibras naturais, que têm espaços vazios intra-fibras chamados lúmen. Embora a fibra tenha grandes lúmenes e pequenas paredes celulares, a carga da fibra pode ser aumentada através da compressão desses espaços vazios nas fibras. Os reforços de fibras naturais devem ser devidamente secos numa estufa antes da impregnação com resina, para evitar uma humidificação deficiente e o aprisionamento de humidade nos compósitos (Satyanarayana 1990). O processo de fabrico manual é utilizado principalmente em aplicações de estruturas marítimas e aeroespaciais.

2.7.2 Moldagem por compressão

A moldagem por compressão é o método mais comum de moldagem de materiais termoendurecíveis, tais como SMC (composto de moldagem de folha), BMC (composto de moldagem a granel) e LCM (moldagem de compósito líquido). Esta técnica de moldagem envolve a compressão de materiais que contêm um catalisador ativado por temperatura numa matriz metálica aquecida, utilizando uma prensa vertical, como os métodos de prensagem a frio e a quente. O procedimento é semelhante à técnica de colocação manual, exceto que neste caso é utilizado um conjunto de matrizes combinadas, que são fechadas antes de ocorrer uma cura com a aplicação de pressão. Através deste método, é possível incorporar cerca de 70 % em peso de fibras e a espessura do produto pode situar-se entre 1 e 10 mm. Para a moldagem por prensagem a frio e a quente, a temperatura de cura situa-se normalmente entre 40-50°C e 80-100°C durante 1-2 horas, respetivamente. A moldagem por prensagem foi utilizada com sucesso para incorporar até 40-60% em peso de fibra de ananás (Satyanarayana 1990).

O processo de moldagem começa com o fornecimento de material compósito não curado de alta viscosidade, tal como SMC, BMC, ou um tapete ou desempenhos cobertos com uma pasta de resina de média viscosidade (LCM) para o molde. As temperaturas do molde situam-se normalmente entre os 300 e os 320° F. À medida que o molde fecha, a viscosidade do compósito é reduzida sob o calor e a pressão de aproximadamente 1000 psi. A resina e os reforços distribuídos isotropicamente fluem para preencher a cavidade do molde no caso do SMC e do BMC. No LCM, os reforços não se movem; apenas a pasta de resina flui através do molde. Enquanto o molde permanece fechado, o material termoendurecível sofre uma alteração química (cura) que o endurece permanentemente na forma da cavidade do molde. Os tempos de fecho do molde variam entre 30 segundos e vários minutos, dependendo do desenho e da formulação do material. Quando o molde abre, as peças estão prontas para operações de acabamento, como rebarbação, pintura, colagem e instalação de inserções para fixadores. Variando a formulação do material termoendurecível e dos reforços, as peças podem ser moldadas para satisfazer aplicações que vão desde painéis exteriores de carroçaria da classe "A" a elementos estruturais, tais como vigas de para-choques de automóveis (Strong et al. 1989)

CAPÍTULO 3
INVESTIGAÇÕES SOBRE COMPÓSITOS À BASE DE EPÓXI COM FIBRAS DE NOZ DE ARECA COMO REFORÇO

Neste estudo, as fibras não tratadas extraídas da casca da noz de areca foram imersas numa solução de hidróxido de sódio a 5% como tratamento alcalino para análise posterior. As fibras de areca utilizadas neste estudo têm um comprimento médio de 30 mm. O material compósito consiste numa matriz de epóxi combinada com fibras, que são incluídas na mistura em percentagens de peso de 10, 15, 20 e 25. Esta integração é conseguida através do processo de moldagem por compressão. Os compósitos foram submetidos a testes de resistência à tração, módulo de flexão, impacto Charpy e dureza shore D. Os resultados mostraram claramente vantagens significativas no aumento do número de fibras e na aplicação de tratamento às mesmas. Os compósitos de fibra tratada foram sujeitos a estudos tribológicos utilizando um tribómetro de pino sobre disco para investigar o aumento da ligação fibra-matriz resultante da inclusão de fibra. A principal desvantagem da fibra é o seu alongamento relativamente baixo, que raramente excede os 4%, mesmo depois de submetida a tratamento. Consequentemente, a variação no comprimento da fibra implica que uma comparação direta entre as fibras e os compósitos correspondentes construídos com fibras naturais de igual volume e comprimento é inviável. Com uma proporção volumétrica de 20%, observou-se que as propriedades mecânicas dos materiais que incorporam fibras de areca picadas tratadas com álcali foram melhoradas. As amostras apresentaram um aumento progressivo dos valores até atingir uma percentagem volumétrica de 20%, seguido de uma diminuição subsequente à medida que a fração volumétrica continuava a aumentar. A combinação III resultou em valores de desgaste reduzidos para as três cargas - 10N, 15N e 20N - nos exames tribológicos. A Tabela 3.1 apresenta os diferentes códigos do laminado compósito utilizado nesta investigação. O líquido foi colocado sobre a superfície das fibras de areca tratadas com NaOH que tinham sido cortadas e, em seguida, as fibras foram embebidas no líquido. Uma vez que o líquido foi comprimido e deixado curar por três horas, o molde de metal foi removido. O material compósito pode ter uma espessura máxima de 6 milímetros e um tamanho máximo de 200 milímetros quadrados, com dimensões de 200 por 200 milímetros. Uma vez terminado o processo de cura, os provetes foram

cortados de acordo com o tamanho padrão especificado pela ASTM. A Figura 3.1 mostra
o conjunto de amostras compósitas geradas utilizando o procedimento de fabrico acima
descrito.

Tabela 3.1: Nomes relativos aos compósitos laminados utilizados nesta investigação

Nome da amostra	Quantidade de endurecedor adicionada (g)	Quantidade de epóxi adicionada (g)	Percentagem de fibra de areca adicionada
H	30	300	10
I	30	300	15
J	30	300	20
K	30	300	25
L	30	300	30

**Figura 3.1 Laminados que foram fabricados especificamente para efetuar a
interpretação mecânica**

3.1 AVALIAÇÃO MECÂNICA

A avaliação da resistência dos compósitos de polímero epóxi reforçados com
fibras requer a realização de ensaios mecânicos (Nguyen, T. A. et al., 2021, Vignesh, V.
et al., 2021). Ao utilizar esta metodologia de ensaio, foi possível avaliar a sua

competência na gestão de cargas dinâmicas e estáticas. Este estudo forneceu uma análise abrangente dos ensaios de flexão, impacto, dureza e tração. Ocorrem erros durante cada ensaio. Os efeitos de cada ensaio foram examinados com três amostras e o resultado médio foi calculado para cada ensaio. Os resultados dos testes mecânicos realizados em compósitos de polímero epóxi reforçados com fibra de noz de areca tratados e não tratados são apresentados nas Tabelas 3.2 e 3.3. Com base na tabela, as propriedades mecânicas exibiram um aumento até um teor de fibra de 20 wt%, após o qual começaram a diminuir. Os valores de dureza alcançados excedem os observados noutros compósitos epoxídicos reforçados com uma quantidade equivalente de outros tipos de fibras naturais, como a Typha Angustifolia (Mohankumar, D. et al., 2022). A adesão inadequada entre a fibra e a resina dificulta a transmissão eficiente de carga da fibra para a matriz à medida que a concentração de fibra aumenta (Gurunathan, T. et al., 2015, Ramakrishnan, S. et al., 2019). Além disso, verificou-se que a estabilidade térmica dentro do compósito de polipropileno reforçado com Luffa cylindrica diminuía à medida que a concentração de fibra aumentava (Campos, R. D. S. et al., 2022).

Tabela 3.2 Caraterísticas mecânicas dos compósitos de epóxi reforçados com fibras de areca não tratadas

Nomes de laminados	Módulo de tração (MPa)	Resistência à tração (MPa)	Módulo de flexão (MPa)	Resistência à flexão (MPa)	Dureza	Resistência ao impacto (KJ/m)^2
H	2913.33	10.10	2490.0	31.76	80	2.18
I	3680.0	12.31	3243.33	37.96	80	2.48
J	4903.33	14.12	4303.33	41.12	84	2.64
K	3300.0	10.87	2936.66	36.03	81	3.82

L	2840.0	9.78	2733.3	34.96	82	3.58

Tabela 3.3 Caraterísticas mecânicas dos compósitos epóxi reforçados com fibras de noz de areca tratadas quimicamente

Nomes de laminados	Módulo de tração (MPa)	Resistência à tração (MPa)	Módulo de flexão (MPa)	Resistência à flexão (MPa)	Dureza	Resistência ao impacto $(KJ/m)^2$
H	3356.2	20.20	2590.0	42.35	82	2.36
I	4235.1	24.62	3363.33	48.68	82	2.98
J	5012.2	28.24	4878.32	52.11	86	3.34
K	3523.4	21.74	3012.23	47.23	83	4.12
L	3012.7	18.20	2989.45	43.60	84	3.90

3.1.1 Ensaio de tração

Os provetes de tração foram fabricados de acordo com as normas descritas na especificação ASTM D638-14. Os factores, tais como a velocidade da cruzeta e o comprimento do calibre, foram rigorosamente respeitados de acordo com critérios específicos. Os ensaios foram realizados utilizando o modo de controlo de deslocamento a uma velocidade da cruzeta de 5 mm/min, com um comprimento de calibre de 50 mm.

3.1.2 Avaliação das caraterísticas de flexão

O fabrico dos provetes de flexão seguiu os requisitos especificados na norma ASTM D790-17. A resistência à flexão das amostras foi avaliada utilizando uma Máquina Universal de Ensaios (UTM) e um teste de 3 pontos. Os espécimes foram colocados horizontalmente em dois suportes e foi aplicada uma carga no centro de cada modelo. O comprimento do suporte foi modificado de modo a obter um rácio de 16:1 em relação ao vão e à profundidade. As amostras foram sujeitas a uma carga a uma velocidade de cruzeta de 2 mm/min. Ao longo do procedimento de teste, foi aplicada uma força consistente aos espécimes até estes atingirem o ponto de rutura ou fratura.

3.1.3 Avaliação da resistência ao impacto

Os espécimes para o ensaio de impacto foram produzidos de acordo com os requisitos da norma ASTM D256. Durante o método de ensaio, a amostra será sujeita a muitos impactos do pêndulo da máquina de ensaio até à sua fratura. Para efetuar a operação, foi feito um entalhe com uma profundidade de 2,5 mm em cada amostra.

3.1.4 Avaliação da dureza

As amostras fabricadas foram submetidas a ensaios de dureza utilizando o aparelho de ensaio Shore D. Os espécimes foram produzidos e avaliados de acordo com as normas ASTM D2240. Os valores de dureza foram obtidos através da perfuração dos espécimes utilizando a base do indentador do durómetro.

3.2 AVALIAÇÃO DOS PARÂMETROS TRIBOLÓGICOS

A estrutura da superfície dos compósitos de epóxi formados a partir de fibra de casca de noz de areca picada tratada com NaOH foi analisada utilizando um Microscópio Eletrónico de Varrimento (Marca: Zeiss Sigma VP, EUA). A morfologia foi analisada nos espécimes que foram submetidos a um ensaio de desgaste. Para avaliar o desgaste por deslizamento a seco, foi utilizada uma máquina POD (Wear and Friction Machine TR - 20 LE) da Ducom Material Characterization Systems, dos Estados Unidos. Os espécimes estão a ser fabricados em conformidade com as normas ASTM G99-05. As investigações utilizaram pinos de 30 mm de comprimento com uma secção transversal quadrada de 5 mm x 5 mm. O disco rodou a uma velocidade de 3 m/s enquanto foram exercidas forças de 20 N, 15 N e 10 N. Antes da realização dos ensaios, foram utilizadas folhas abrasivas de carboneto de silício (SiC) para refinar as superfícies da amostra e do contador. A acetona foi utilizada durante todo o processo de limpeza e desidratação dos provetes. O provete é pesado antes e imediatamente após o ensaio de deslizamento a seco. A redução do peso total da amostra combinada é determinada pela flutuação destes dois pesos. As massas das amostras foram determinadas utilizando um dispositivo de pesagem eletrónica Shimadzu AUW-220D, produzido no Japão. A fim de melhorar a condutividade da superfície dos espécimes, foi colocada uma fina camada de ouro como revestimento. O aparelho tem uma tensão variável de 0,1 kilovolts a 30 kilovolts, uma ampliação de 12 vezes a 1.000.000 vezes e uma resolução de 1,3 nanómetros. As imagens morfológicas obtidas para esta investigação foram ampliadas por um fator de 1000, com uma resolução de 10 µm e uma tensão aplicada de 10 kV. As imagens adquiridas foram posteriormente analisadas para explorar a ligação entre as fibras e o epóxi em diferentes amostras.

Foram realizadas experiências para identificar o desgaste por deslizamento a seco utilizando um tipo específico de tribómetro denominado pin-on-disc (Ducom, TR-20 LE). Foi criada uma amostra em conformidade com a norma ASTM G99-05. A experiência incluiu pinos quadrados com 30 mm de comprimento e dimensões lineares de 5x5 mm2. Enquanto o disco se deslocava a uma velocidade de 3 m/s, foram exercidas forças de 10N, 20N e 15N. O disco do tribómetro utilizado neste estudo é feito de aço cementado, com uma espessura de 7,9 mm e um diâmetro de 24 mm. Antes dos ensaios laboratoriais, as amostras foram polidas com papel abrasivo SiC de grão 800 e depois sujeitas a ensaios com papel SiC de grão 1200. Os provetes de ensaio foram submetidos a um processo de limpeza meticuloso com acetona, seguido de uma secagem completa.

Posteriormente, o teste de deslizamento a seco é medido em termos de peso antes e depois do teste. As amostras foram pesadas utilizando um aparelho computorizado (Shimadzu, Japão, AUW. 220D) para determinar o seu peso. A balança utilizada neste estudo tem uma resolução mínima de 0,001 g. Antes de realizar cada experiência, os erros foram examinados. Foram realizados três ensaios para avaliar todos os exames tribológicos, tendo sido registado o valor médio. Os provetes utilizados para avaliar as suas caraterísticas de atrito e desgaste estão representados na figura 3.2.

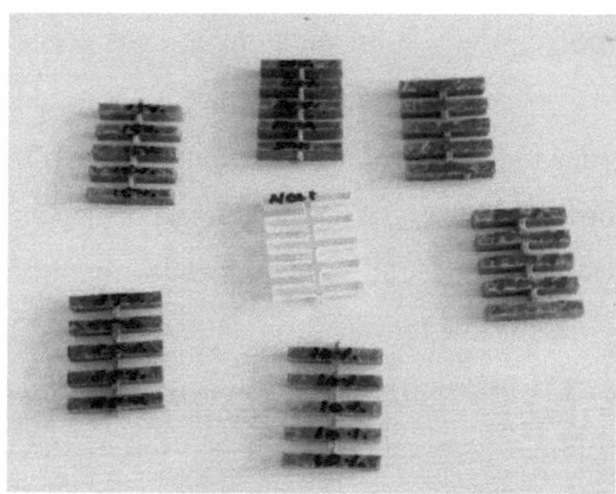

Figura 3.2 Espécimes fabricados para avaliação dos parâmetros tribológicos

3.3 AVALIAÇÃO DAS CARACTERÍSTICAS TÉRMICAS

O analisador termogravimétrico TGA 8000, fabricado pela Perkin Elmer nos Estados Unidos, foi utilizado nesta experiência. Esta máquina fornece um nível de precisão de 0,01%, um nível de exatidão de 0,02%, uma gama de temperaturas de -20 graus Celsius a 1200 graus Celsius e uma sensibilidade de 0,1 microgramas. A análise termogravimétrica (TGA) é uma técnica utilizada para examinar as caraterísticas de decomposição de materiais e avaliar a resistência de uma substância a alterações de temperatura. Durante este procedimento, a amostra é submetida a um aquecimento controlado num ambiente específico, enquanto a sua redução de peso é continuamente avaliada em proporção ao tempo ou à temperatura. Estes dados podem ser utilizados para determinar a temperatura a que a substância começa a deteriorar-se, bem como a taxa e a extensão do processo de degradação. O mecanismo de arrefecimento utilizado é o arrefecimento externo por ar forçado, acionado por ventoinha. Esta abordagem pode fornecer dados sobre a temperatura de degradação dos compósitos, que é determinada pela taxa de aquecimento e pela perda de peso. Também permite a avaliação da estabilidade térmica das partes constituintes de diferentes materiais compósitos. A análise termogravimétrica (TGA) é uma técnica utilizada para medir a variação do peso de uma substância em função da temperatura. O cálculo da primeira derivada da curva de perda de peso derivada da análise termogravimétrica (TGA) é referido como a derivada da análise termogravimétrica (DTG). O equipamento utilizado neste estudo tem uma sensibilidade derivada que varia de 0,1° C/min a 10° C/min. A gravimetria térmica diferencial (DTG) fornece informações sobre a taxa de perda de peso em relação à temperatura. Esta informação pode ser utilizada para diferenciar diferentes fases de degradação térmica e determinar a energia de ativação associada ao processo de degradação. A TGA e a DTG são técnicas úteis para investigar a estabilidade térmica e as propriedades de degradação. A pesquisa realizada por Bajpai (Bajpai, et al., 2018) sobre compósitos feitos de fibra de areca oferece informações úteis para melhorar o desempenho e as propriedades desses materiais. As fibras lignocelulósicas, incluindo as fibras de noz de areca, apresentam sensibilidade à temperatura, sofrendo rutura térmica total a temperaturas superiores a 400° C (Gurunathan, T. et al., 2015; Campos, R. D. S. et al., 2022; Mohankumar, D. et al., 2022; Koronis, G. et al., 2013). Os atributos físicos das fibras vegetais são regidos exclusivamente pela presença de três componentes, especificamente celulose, lignina e hemicelulose, que são abundantes nas plantas. Este facto é ainda apoiado pelos gráficos que ilustram a correlação entre o TG (expresso em percentagem) e a temperatura (medida em graus Celsius), bem como o DTG (medido em microgramas por minuto) e a temperatura (medida em graus Celsius).

3.4 INVESTIGAÇÕES ELEMENTARES

As amostras compostas podem ser analisadas quanto à composição elementar utilizando a análise de raios X por dispersão de energia, também conhecida como EDAX/EDX. A análise EDX é uma técnica valiosa para quantificar a concentração e a disposição espacial dos constituintes num material compósito. Fornece informações vitais sobre as propriedades químicas, mecânicas, eléctricas e térmicas do material. Além disso, ajuda a detetar a presença e a distribuição de fibras de reforço num material compósito e a prever a sua longevidade e rigidez. Este método tem o potencial de detetar a presença de impurezas ou poluentes que podem ter um efeito substancial na durabilidade e eficácia do material. A análise EDX é um método crucial para examinar a composição elementar dos compósitos. O funcionamento do raio X requer a estimulação de raios X e a existência de uma amostra. A estrutura atómica única de cada elemento resulta na emissão de radiação electromagnética com um conjunto específico de picos, o que a torna apropriada para a caraterização. Ao incidir um feixe de electrões sobre uma amostra, é possível estimular a libertação de raios X distinguíveis. Os átomos em repouso contêm geralmente electrões no estado fundamental ou electrões que estão ligados ao núcleo. É concebível que um eletrão localizado numa orbital subatómica mais próxima do núcleo possa ser estimulado pelo feixe de entrada, resultando na expulsão do eletrão da sua camada e na formação de um buraco eletrónico nesse local. Quando um eletrão se desloca de uma camada de maior energia para uma camada de menor energia, a diferença de energia pode ser libertada sob a forma de raios X.

3.5 CONCLUSÕES E ANÁLISE
3.5.1 Avaliação das caraterísticas de tração

Os valores exactos da resistência à tração e do módulo de tração dos compósitos de polímero epóxi reforçados com fibra de areca estão claramente representados nas figuras 3.3 e 3.4. A combinação J, que contém 20% de fibra de areca, tem um módulo de tração e uma resistência à tração mais elevados em comparação com as outras combinações, medindo 5012,2 MPa e 28,24 MPa, respetivamente.

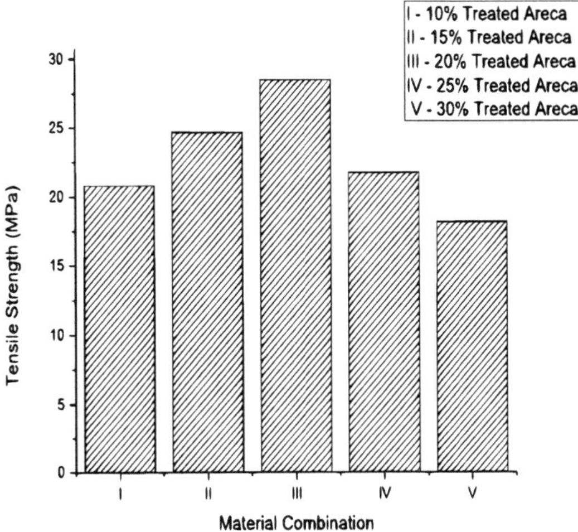

Figura 3.3 Avaliação da propriedade de resistência à tração

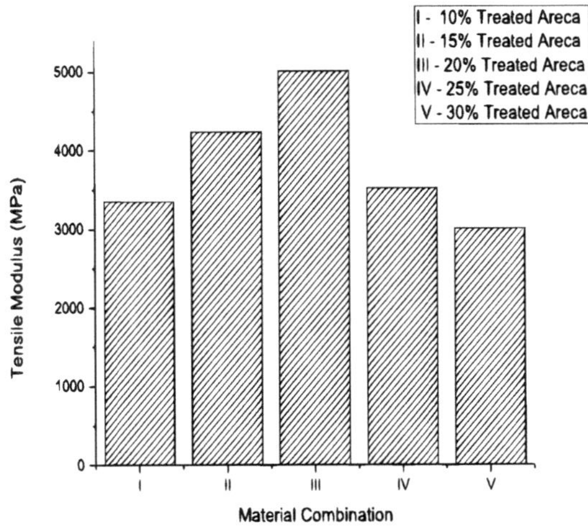

Figura 3.4 Avaliação da propriedade do módulo de elasticidade

3.5.2 Avaliação das caraterísticas de flexão

Os resultados dos ensaios para determinar a flexibilidade e a resistência dos compósitos reforçados com fibras de noz de areca são apresentados nas figuras 3.6 e 3.5. A composição J, que contém 20% de fibra de areca, apresenta maior módulo de flexão e resistência à flexão em comparação com as outras quatro composições. Os valores do módulo de flexão e da resistência à flexão são 4878,32 MPa e 52,11, respetivamente.

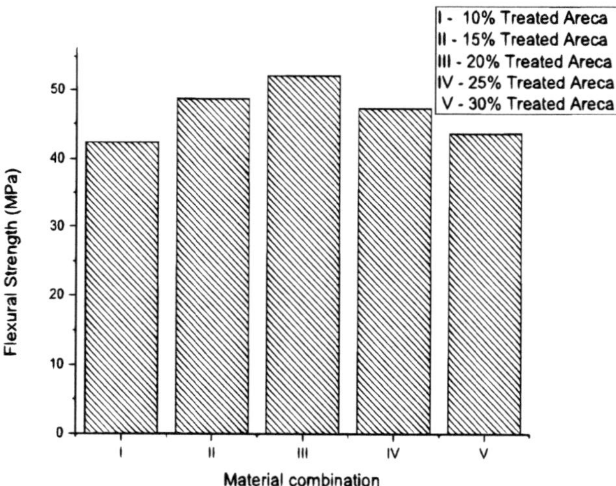

Figura 3.5 Avaliação da propriedade de resistência à flexão

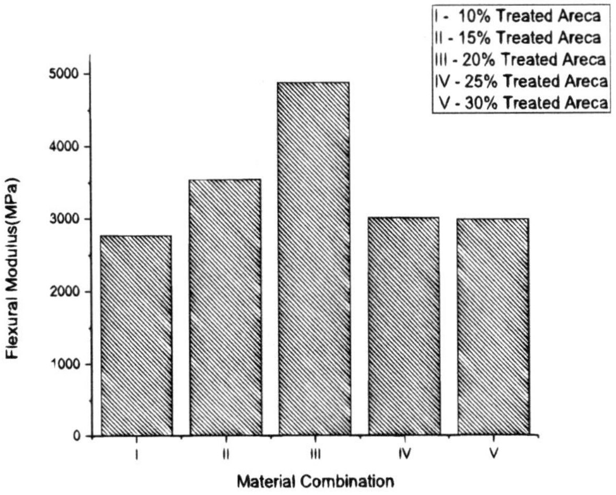

Figura 3.6 Avaliação da propriedade do módulo de flexão

3.5.3 Avaliação das caraterísticas do impacto

O ensaio de impacto foi utilizado para avaliar a robustez dos compósitos compostos por polímero epóxi reforçado com fibra de areca. A Figura 3.7 mostra os resultados da análise de impacto. O resultado obtido indica claramente que o compósito J, que consiste em 20% de fibra de noz de areca, apresenta uma resistência ao impacto substancialmente mais elevada de 3,34 KJ/m^2 em comparação com os outros espécimes.

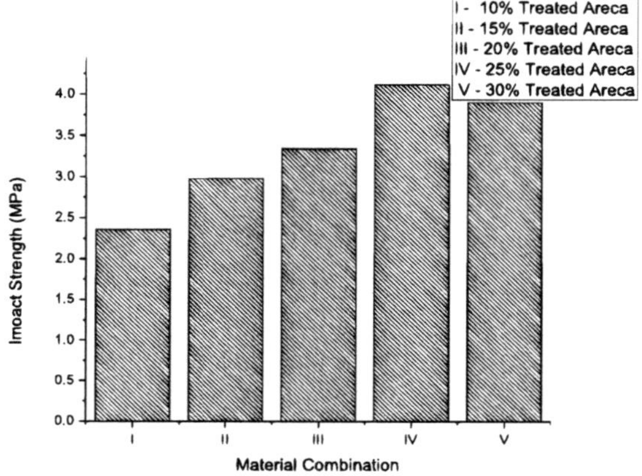

Figura 3.7 Avaliação da propriedade de resistência ao impacto

3.5.4 Avaliação das caraterísticas de dureza

A dureza é a medida da resistência de um material compósito à distorção sob força aplicada. A Figura 3.8 mostra o resultado do teste de dureza. A terceira combinação, contendo 20% de fibra de areca, tem um grau de dureza de 86 shores D, sugerindo um nível mais elevado de dureza. Embora as caraterísticas de flexão e impacto demonstrem consistentemente um determinado padrão, os resultados do teste de dureza efectuado com um aparelho de teste de dureza Shore D não apresentam uma associação notável. A presença de diferentes elementos suplementares teve um impacto negativo na uniformidade dos resultados em termos de dureza Shore D.

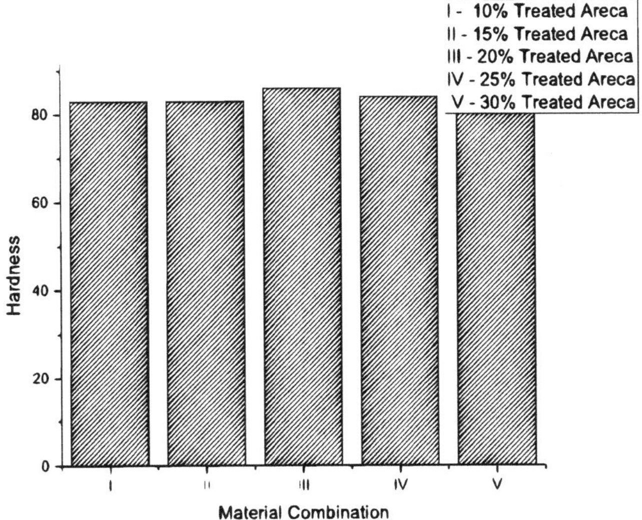

Figura 3.8 Avaliação da propriedade de dureza

3.5.5 Avaliação das caraterísticas de desgaste

Quando duas ou mais superfícies feitas de materiais idênticos entram em contacto, ocorre o desgaste do material, resultando na erosão ou degradação do material de qualquer uma destas superfícies. O ensaio POD consiste em submeter uma amostra com dimensões de 30 mm de comprimento e 5 mm de espessura e largura a um ensaio de desgaste. Nesta discussão, foram analisadas três amostras e foi utilizada a média desses pontos de dados. A Tabela 3.4 apresenta uma variedade de cargas para ilustrar o impacto do desgaste.

Tabela 3.4 Valores de desgaste obtidos com diferentes cargas

Fibra de areca (%)	Carga de 20N (g)	Carga de 15N (g)	Carga de 10N (g)
10	44×10^{-4}	38×10^{-4}	37×10^{-4}
15	35×10^{-4}	31×10^{-4}	27×10^{-4}

20	19×10^{-4}	15×10^{-4}	15×10^{-4}
25	35×10^{-4}	34×10^{-4}	28×10^{-4}
30	49×10^{-4}	46×10^{-4}	39×10^{-4}

A superfície giratória do contador exerce uma força normal sobre a amostra. Os dados apresentados na figura 3.9 demonstram a quantidade de redução de peso, medida em gramas, sob a ação de três cargas distintas. A adição de mais 20% de fibra alimentar diminui consideravelmente a velocidade a que o peso é perdido, mas este efeito é apenas temporário. A incorporação das fibras especificadas poderia potencialmente aumentar a força adesiva entre o epóxi e a fibra, diminuindo assim a perda de material epóxi. As propriedades tribológicas melhoradas foram principalmente afectadas pelo aumento da resistência à tração, da dureza, da tenacidade e da adesão entre as fibras e a matriz. A utilização de fibra de areca cortada no compósito de epóxi levou a uma diminuição do desgaste, reduzindo o espaço entre o disco rotativo e o material compósito. Os compósitos contendo um reforço de 20% de fibras proporcionam uma melhor resistência ao desgaste em todas as condições avaliadas. Além disso, estudos demonstraram que as fibras de noz de areca picada tratadas com álcalis possuem caraterísticas excepcionais quando utilizadas como material de reforço para componentes de fricção. A combinação III, com um teor de 20 por cento de fibras de areca, tem um excelente desempenho tribológico. Ao incorporar fibra até 20% em peso, a Lei de Archard é geralmente seguida. No entanto, à medida que a percentagem de fibra aumenta, os valores começam a diminuir.

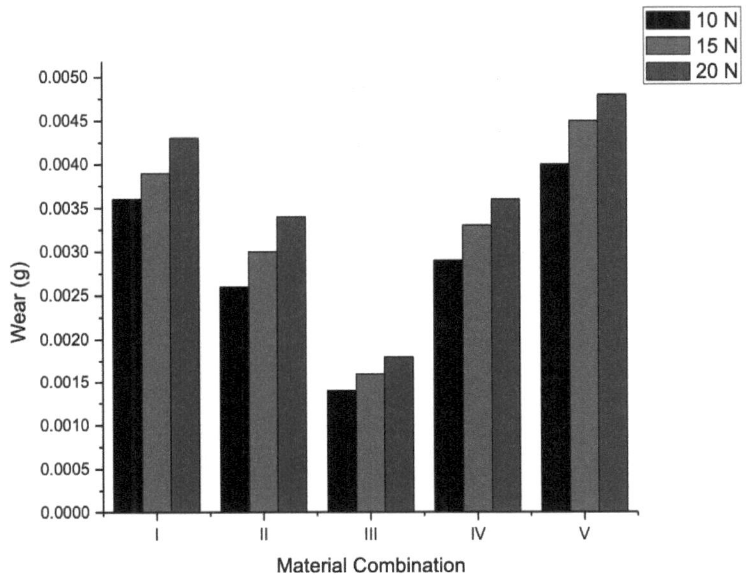

Figura 3.9 Níveis de desgaste observados a 20 N, 15 N e 10 N

3.5.6 Resultados da análise estrutural

A figura 3.10 apresenta imagens morfológicas de uma superfície em deterioração captadas durante um ensaio de desgaste com um tribómetro. A imagem de electrões secundários (SE) é utilizada para produzir imagens de alta resolução com uma resolução de 1000 x 1000 m com uma ampliação de 500 vezes. As fotografias mostram uma textura rugosa e irregular na superfície de deslizamento. Os dados ilustram inequivocamente que o aumento da quantidade de fibras tem um efeito substancial no comportamento de fratura dos compósitos. A Figura 3.10 (a) ilustra a existência de fibras curtas de noz de areca que apresentam uma forte ligação na interface com a resina epóxi. Os danos observados limitaram-se a pequenos riscos na superfície e à acumulação de sujidade nas ranhuras de desgaste de baixa intensidade. A incorporação de 20% de fibras de areca conduz a uma textura rugosa e irregular na superfície de epóxi. O espécime representado na figura 3.10 (b) exibiu indicações de deterioração, tais como fibras fracturadas e uma superfície desgastada, o que diminuiu as ligações entre a fibra de areca e a sua matriz. A principal causa da falha adesiva foi a separação de fragmentos significativos do material da matriz como resultado de uma força de deslizamento elevada. Para além disso, a superfície de fricção do material indicava a existência de poços de descasque. A cola degrada-se em resultado do impacto combinado do desgaste e da fadiga. A Figura 3.10 (b) ilustra que deformações significativas levam à separação da superfície desgastada, como é claramente visível. A existência de buracos e fendas nas superfícies desgastadas do laminado indica que a redução da quantidade de fibra não melhora as interações entre a matriz e a fibra na interface. Durante o processo de desgaste, as regiões fibrosas do material vão-se perdendo gradualmente nos pontos em que a fibra entra em contacto com a contraface. O provete representado na figura 3.10 (c) exibe uma superfície deteriorada do aglomerado, que é marcada pela existência de microfissuras, buracos pegajosos e partículas abrasivas. O provete mostrado na figura 3.10(c) tem uma matriz compósita que apresenta uma resistência ao desgaste geralmente baixa e uma capacidade de reforço limitada devido à falta de fibras de reforço. A existência de várias situações de tensão termomecânica aumenta a vulnerabilidade das manchas resinosas na superfície do compósito ao deslizamento. A ausência de fibra de areca levou à deterioração das caraterísticas superficiais do polímero e prejudicou a sua capacidade de funcionar como abrasivo. Além disso, pode deduzir-se que os compósitos com menor resistência ao desgaste são mais susceptíveis de apresentar fracturas, buracos, detritos e aglomerados em comparação com materiais com excelentes caraterísticas de desgaste.

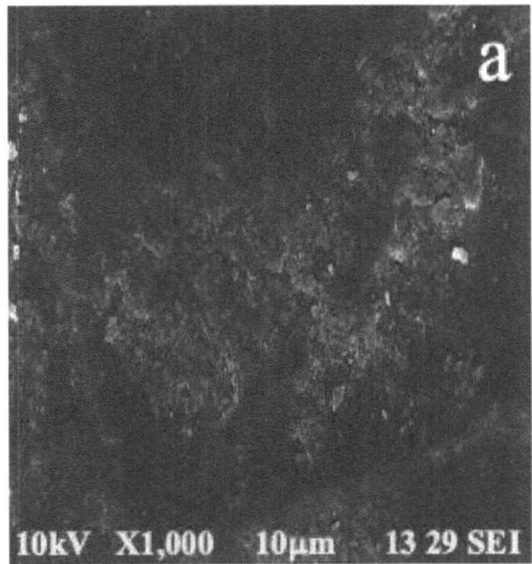
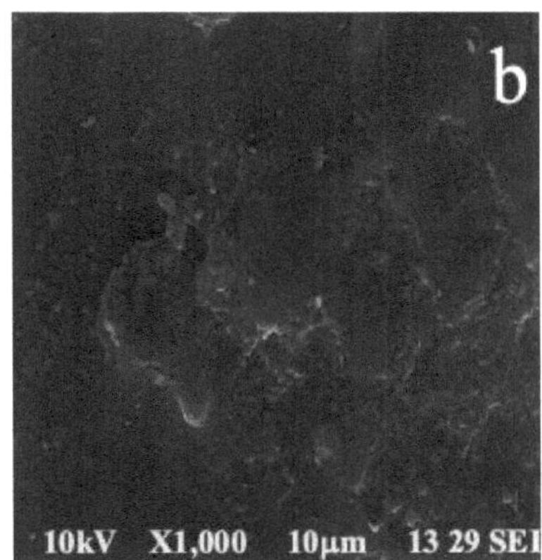

Figura 3.10 (a) Resultados de MEV de Figura 3.10 (b) Resultados de MEV de laminado J laminado K

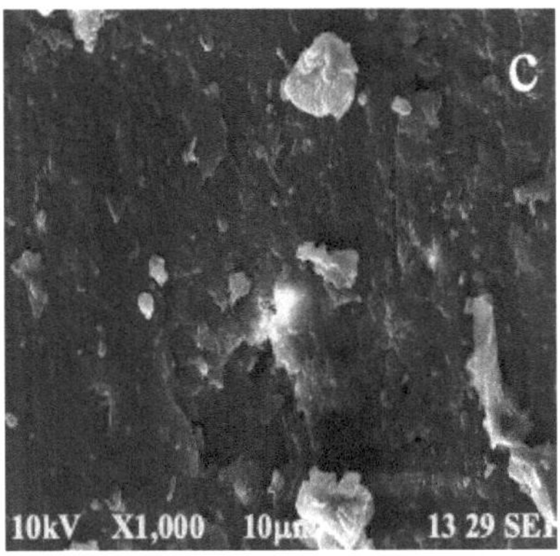

Figura 3.10 (c) Resultados SEM do laminado L

Ao comparar os códigos dos laminados compósitos mostrados na figura 3.10 (c) e na figura 3.10 (b) com a estrutura microscópica exibida na figura 3.10 (a), torna-se evidente que existe uma ligação mais robusta entre o epóxi e a fibra de areca na figura 3.10 (a). Comparando todas as imagens SEM, podemos deduzir que o laminado J demonstra excelentes qualidades estruturais.

3.5.7 Interpretações da avaliação termogravimétrica

Neste estudo foram analisados o desvio termogravimétrico e o desvio termogravimétrico derivado de um material compósito feito de polímero epóxi e 20% de fibras de areca alcalinizadas, em relação à temperatura. A maior taxa de perda de peso (DTG) foi registada para um material compósito de um polímero epóxi reforçado com 20% em peso de fibra de areca tratada com alcalino a uma temperatura entre 200° C e 250° C. A maior taxa de perda de peso ocorreu a -10 ug/min. O valor DTG atingiu o seu ponto mais baixo de -721,7 ug/min a uma temperatura de 351,3° C. No mesmo diagrama, existia um pico mínimo adicional, que estava associado a uma temperatura de 476,3°C e a um valor DTG de -326,3 ug/min. Os valores medidos foram nitidamente mais elevados em cada período correspondente, em comparação com os dados obtidos a partir das amostras não tratadas. Os dados apresentados nas Figuras 3.11 e 3.12 mostram claramente que as fibras de casca de noz de areca tratadas quimicamente tinham valores muito mais elevados para TG (análise termogravimétrica) e DTG (termogravimetria derivada). Os resultados demonstram claramente que o tratamento químico das fibras de noz de areca causou uma diminuição significativa de cerca de 20°C nas temperaturas de pico de degradação da biomassa. Além disso, uma diminuição substancial para quantidades quase negligenciáveis dos resíduos foi conseguida a uma temperatura de 550° C. Este fenómeno é esperado e foi registado na degradação da casca de arroz depois de submetida a tratamento químico. A degradação pode ser atribuída à dissolução da hemicelulose e de alguns constituintes da lenhina.

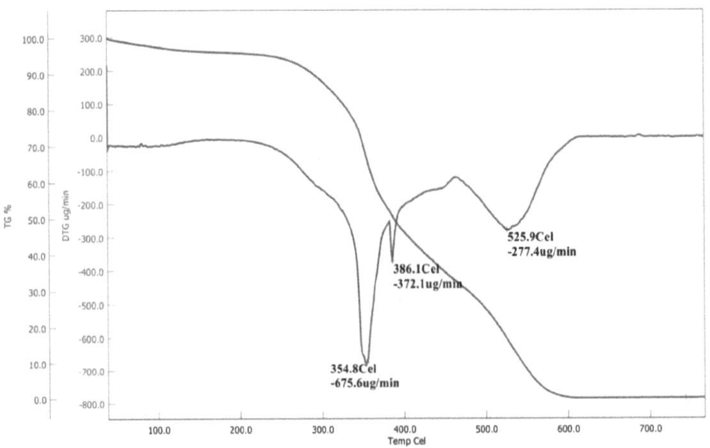

Figura 3.11 Fibra de noz de areca 20 wt% não tratada em função da temperatura: Variação TG/DTG

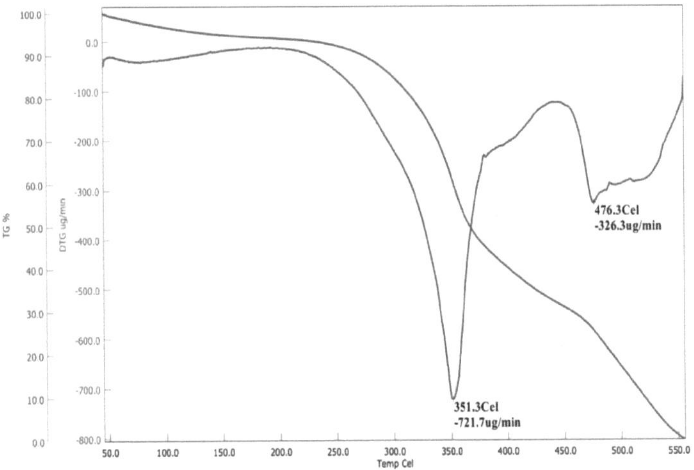

Figura 3.12 Fibra de noz de areca tratada com 20 wt% em função da temperatura: Variação TG/DTG

3.5.8 Resultados da análise EDAX

As amostras de compósitos foram analisadas por EDAX, e os resultados são apresentados na Figura 3.13. A Tabela 3.5 apresenta um resumo das principais composições elementares observadas nos compósitos de polímero epóxi reforçados com fibras curtas de areca. Os elementos escolhidos foram analisados com base em vários factores. Os elementos enxofre, silício, sódio e oxigénio foram analisados utilizando os padrões correspondentes: sulfito ferroso, dióxido de silício, albite e dióxido de silício, respetivamente. A percentagem de peso do oxigénio é significativamente mais elevada (87,46%) em comparação com os outros elementos medidos, especificamente o enxofre, o silício e o sódio. Este facto aumenta ainda mais a versatilidade do material compósito, particularmente para materiais de óxido e potenciais aplicações futuras. A composição do material consiste em 6,1% de silício em peso e 5,5% de sódio em peso. Os pesos dos elementos sal e oxigénio foram considerados significativos, potencialmente devido à inclusão de tratamento alcalino no componente compósito de epóxi reforçado com fibra de noz de areca.

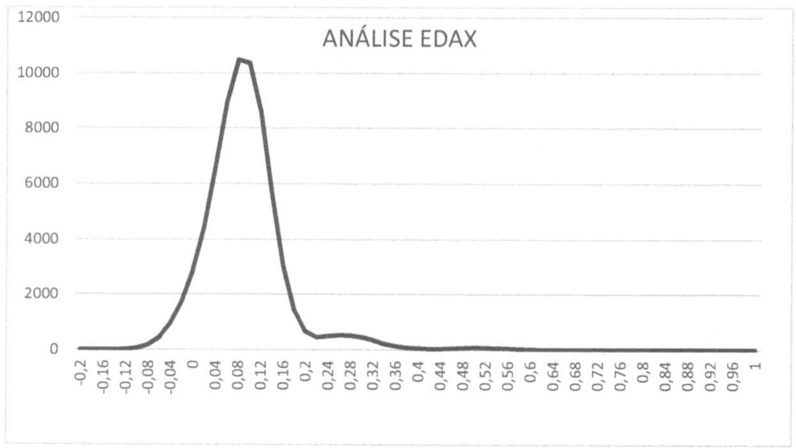

Figura 3.13 Avaliação de EDX de compósitos tratados com 20 wt % de álcali

Tabela 3.5 Resultados da composição elementar da avaliação EDX

Elemento Nome	Percentagem de peso (%)	Percentagem atómica (%)	Correção da intensidade
O	87.46	91.83	2.1099
Si	6.22	3.72	0.8059
Na	5.53	4.04	0.6408
S	0.79	0.41	0.8659

A Tabela 3.6 apresenta um resumo sucinto das muitas ferramentas utilizadas neste projeto de investigação. A consulta desta tabela fornece informações valiosas sobre o equipamento, incluindo o seu produtor, os parâmetros de medição e o nível de exatidão ou erro. Este conhecimento pode ser aplicado em projectos futuros.

Quadro 3.6 Pormenores dos instrumentos utilizados na realização de vários ensaios

Máquina utilizada	Taxa de exatidão	Fabricante	Parâmetro de medição
UTM	± 1 %	Tinius Olsen, Estados Unidos da América	Módulo de elasticidade e resistência à tração, módulo de elasticidade e resistência à flexão
Instron 9400 - Máquina de ensaio	± 1 %	Instron, Reino Unido	Resistência ao impacto

de impacto (Charpy)			
Máquina de ensaio de dureza - Shore D	0.1	Hans Schmidt, Alemanha	Dureza
Máquina de pesagem computorizada, AUW. 220D	0,01 mg	Shimadzu, Japão	Peso
Máquina de pinos no disco (POD), Ducom, TR-20 LE	1 mícron	Ducom, Estados Unidos da América	Vestir

Os compósitos que incluem fibra de casca de noz de areca e outros materiais ecológicos são normalmente utilizados em muitas aplicações automóveis (Alshammari, F. Z. et al., 2018). Para aumentar a abrangência dos resultados obtidos, incluímos a tabela 3.7. Esta tabela apresenta os dados de tração de fibras naturais com um comprimento consistente de 30 mm. Estas fibras foram adicionadas a uma matriz polimérica a uma concentração de 20 wt%. Posteriormente, estes dados são justapostos com os dados adquiridos nesta investigação. O alongamento limitado e a forma irregular dos compósitos de casca de noz de areca apresentam desvantagens substanciais, uma vez que podem levar a falhas prematuras e restringir as suas potenciais aplicações. No entanto, pode ser importante contemplar o aumento da quantidade de fibras para talvez melhorar a eficácia do tratamento.

Tabela 3.7 Caraterísticas de tração dos compósitos epóxi/fibras de noz-da-areca em comparação com os compósitos com comprimento uniforme de 30 mm e a mesma fração de incorporação de fibras

Nome da fibra	Ref	Matriz	Módulo de tração (GPa)	Resistência à tração (MPa)
Casca de noz de areca	Aqui	Epóxi	5.01	28.5
Malva-das-índias	(Vignesh. V., 2021)	Poliéster insaturado	3.25	26.7
Juta	(Ramakrishnan S., 2019)	Epóxi	0.8	78
Banana	(Nguyen. T. A., 2021)	Epóxi	-	68
Cissus quadrangularis	(Indran. S., 2018)	Poliéster insaturado	1.17	42

3.6 CONCLUSÃO

Os resultados da investigação indicam que o tratamento das fibras da casca da noz de areca com NaOH permite a sua utilização eficiente em compósitos. Por outro lado, este tratamento reduz o limiar de temperatura para a decomposição, permitindo considerar uma técnica mais suave, quer envolva produtos químicos ou outros métodos. Os resultados dos ensaios dos compósitos mostram inequivocamente que os compósitos produzidos a partir de fibra de casca de noz de areca e resinas epoxídicas, com uma incorporação de 20 wt% de reforço aleatório curto (30 mm de comprimento), exibem as propriedades mecânicas de pico mais elevadas quando comparadas com todos os outros valores estimados. Não parece haver mais benefícios em exceder esse limite. Ao aumentar o rácio do peso da fibra para uma proporção específica, as fibras ficam intimamente ligadas à matriz de resina e demonstram uma capacidade adesiva adequada, resultando em resultados de resistência mais eficazes. À medida que o rácio do peso da fibra aumentou, a resistência à tração diminuiu. O comprimento crítico da fibra tem um impacto considerável na resistência dos compósitos reforçados com fibras. A experiência utilizou fibras com 30 mm de comprimento para avaliar as propriedades mecânicas e tribológicas das amostras de compósitos. Devido ao retardamento efetivo do início da fratura pelas fibras cortadas, este material pode ser utilizado em várias aplicações. Este material apresenta uma resistência ao impacto superior quando comparado com compósitos longos de polímero epóxi reforçados com fibra de noz de areca. Além disso, as propriedades tribológicas destes compósitos indicam que a maior resistência ao desgaste é alcançada aumentando a quantidade de fibras.

As seguintes conclusões foram deduzidas após a conclusão de um exame minucioso das caraterísticas dos compósitos de polímero epóxi reforçados com fibras curtas de areca tratadas com NaOH:

• A produção de compósitos, que implica a utilização de resinas epoxídicas reforçadas com fibras naturais, pode ser efectuada através da técnica de moldagem por compressão e da técnica de colocação manual. Uma melhor adesão entre a fibra e a matriz pode ser assegurada através da aplicação destas tácticas para obter resultados superiores.

• Os compósitos de epóxi desgastados fabricados a partir de polímeros foram submetidos a um exame morfológico. Em comparação com outros códigos de laminado, o laminado que contém 20% do seu peso em fibras de areca mais curtas apresentou uma ligação superior. A razão para isto é que, ao contrário de outros tipos de composições, estas específicas possuem caraterísticas tribológicas distintas.

• Foi efectuada a avaliação termofísica de compósitos constituídos por polímero epóxi e fibras de areca, tendo o compósito de código J apresentado excelentes resultados. As caraterísticas térmicas destes compósitos tratados com álcali (a uma percentagem de peso de 20%) são significativamente melhores do que as dos outros espécimes.

- As experiências realizadas em material de polímero epóxi ligado a fibras de areca, que foi tratado com álcali, demonstraram resultados termogravimétricos superiores em comparação com amostras não tratadas. O ponto de degradação térmica da biomassa diminuiu em aproximadamente 20 graus Celsius após o tratamento das fibras da casca da noz de areca.

- A avaliação EDAX forneceu uma análise abrangente da composição elementar do espécime. Verificou-se que o oxigénio tem uma percentagem de peso mais elevada do que os outros elementos descobertos. A composição também apresenta níveis significativos de sílica e sal. Além disso, esta caraterística torna o material adequado para aplicações que requerem a presença de componentes como o sódio, o oxigénio ou o silício.

- Com base nos resultados dos ensaios mecânicos, tribológicos, morfológicos, térmicos e de EDAX, o laminado compósito constituído por 20% de peso de compósitos de polímero epóxi reforçados com fibra de casca de noz de areca curta tratada com álcali supera os outros códigos de laminado.

- A combinação específica de materiais poliméricos reforçados com fibras da casca da noz de areca pode ser recomendada como uma alternativa viável para várias aplicações devido à sua sustentabilidade, reciclabilidade e impacto ambiental positivo.

Em geral, a utilização de compósitos de fibra de casca de noz de areca nesta configuração específica é menos eficiente em comparação com outras fibras normalmente disponíveis. Devem ser realizados estudos adicionais para investigar a potencial utilização de fibras suplementares ou para otimizar o processo de fabrico, como o desenvolvimento de híbridos com outras fibras. Os compósitos de polímero epóxi reforçados com fibra de areca são utilizados em diversas indústrias, como a aeroespacial, a automóvel e a eletrónica.

CAPÍTULO 4
APLICAÇÕES

4.1 APLICAÇÕES GERAIS

Considerando as principais caraterísticas das fibras da noz de areca, que são naturais, ecologicamente benignas, renováveis, não tóxicas, baratas e amplamente disponíveis, elas podem ser utilizadas como uma alternativa viável à madeira para usos interiores.

o Os compósitos de fibra de noz de areca são utilizados como substitutos de materiais à base de madeira, como contraplacado ou painéis de partículas. Esses materiais leves são aplicados na produção de carrocerias de automóveis, embalagens de móveis de escritório, painéis divisórios e outros usos. A escolha da utilização de compósitos de fibra de noz de areca depende de factores como a sua disponibilidade, a relação custo-eficácia e a sua elevada resistência.

o Foi realizada uma pesquisa sobre a utilização de compósitos de fibras de areca tratadas com cáustico para fins de suporte de carga de baixa intensidade. Estas experiências demonstraram que as propriedades mecânicas das fibras de areca foram melhoradas.

o Foram efectuadas investigações sobre compósitos fabricados a partir de fibra de areca processada quimicamente e borracha natural. Estes compósitos são apropriados para aplicações que requerem uma quantidade substancial de resistência à tração.

o A investigação demonstrou um maior potencial das fibras à base de areca como um valioso reforço em compósitos de polímeros. Isto deve-se à sua força excecional, resistência moderada à tração e capacidade de aderir a formas de superfície irregulares, tornando-as adequadas para aplicações que necessitem de materiais leves.

o O contraplacado, o pó de milho e os compósitos de fenol-formaldeído reforçados com fibras de areca são adequados para fins de comunicação em habitações de baixo custo, utilizações domésticas e aplicações de embalagem.

o   Os biocompósitos de matriz epoxídica à base de noz de areca catechu, tratados quimicamente e disponíveis naturalmente, são amplamente utilizados numa série de aplicações estruturais e não estruturais. Estas aplicações abrangem uma vasta gama de utilizações, incluindo sacos, armazenamento de cereais, caixas de correio, interiores de automóveis e painéis divisórios.

o   Este estudo centrou-se na utilização de fibras de noz de areca tratadas quimicamente na sua forma picada, tendo sido encontradas caraterísticas superiores nos compósitos de polímero epóxi com uma carga de fibra de 20%. Um comportamento semelhante foi observado com a combinação de fibras de areca e de vidro. O objetivo era desenvolver materiais adequados para aplicações que requerem propriedades e benefícios superiores.

4.2 INVENÇÕES PATENTEADAS

4.2.1 Um novo método para criar painéis e mangas para computadores portáteis utilizando compósitos de areca.

A prevalência de utilizadores de computadores portáteis aumentou significativamente ao longo do século XX. Ao longo do tempo, vários indivíduos também modificam os seus modelos de sistema e casos de utilização. Um maior número de indivíduos sente-se apreensivo quando utiliza os seus computadores por períodos prolongados, ultrapassando os relatos anteriores. Como consequência desta mentalidade, muitas pessoas sentem-se obrigadas a substituir as suas malas/capas para computadores portáteis sempre que actualizam os seus dispositivos. Um número significativo de capas e sacos para computadores portáteis é feito de plástico ou de outros materiais sintéticos, o que pode agravar vários problemas ambientais se não forem eliminados corretamente. Atualmente, os cientistas estão empenhados em criar artigos amigos do ambiente para resolver os problemas de esgotamento e poluição de recursos finitos não renováveis e não biodegradáveis. Para resolver esta questão crucial, estamos a oferecer um material sustentável e amigo do ambiente para o fabrico de capas para telemóveis e de capas para bancos de potência. Para este efeito, recomenda-se a utilização de compósitos com fibra de areca cortada como reforço. As fibras de areca possuem vários benefícios evidentes em comparação com as fibras sintéticas, nomeadamente a sua capacidade de permitir a circulação de ar. Os materiais naturais oferecem várias vantagens em relação aos materiais sintéticos, incluindo uma maior eficiência na transferência de resíduos, um nível de qualidade comparável e uma espessura reduzida. Após a análise de vários aspectos destes compósitos, os investigadores descobriram que a fibra com um percentil de peso composto de 20 apresentava qualidades superiores. Por conseguinte, este tipo específico de material é utilizado para fabricar as mangas para computadores portáteis anteriormente referidas. Foi concebido um novo método para resolver esta questão crítica, utilizando um material sustentável e amigo do ambiente para produzir capas e painéis para computadores portáteis. O inventor descreve as reivindicações associadas à utilização deste compósito para criar painéis e capas de computadores portáteis. As reivindicações são apresentadas de seguida.

o　"Um novo método para criar capas e painéis para computadores portáteis utilizando compósitos de fibra de noz de areca picada reforçados com epóxi" apresenta uma alternativa mais aperfeiçoada aos materiais plásticos/sintéticos existentes.

o　A estratégia revolucionária utiliza uma substância biodegradável e renovável que possui caraterísticas favoráveis.

o　Os painéis e mangas fabricados com este material podem ser facilmente decompostos e substituídos por versões mais recentes.

Com o passar do tempo, as pessoas mudam frequentemente de modelo de computador portátil. Cada vez mais consumidores têm receio de utilizar os mesmos aparelhos electrónicos durante longos períodos de tempo. Como consequência deste conceito, têm de modificar as suas capas e painéis à medida que os seus modelos evoluem. Um número significativo de capas e painéis é fabricado a partir de materiais sintéticos ou outros materiais plásticos, que, quando descartados, podem potencialmente causar vários problemas ambientais.

Para além disso, o sistema existente é afetado pelas desvantagens da não biodegradabilidade e da não renovação. Esta solução resolve as limitações dos painéis e mangas para computadores portáteis atualmente disponíveis. São muitas as vantagens da utilização de painéis e capas para computadores portáteis construídos com este material específico:

o   Leve

o   Biodegradável

o   Produção económica

o   Renováveis

o   Alta resistência

o   Amigo do ambiente

o   Facilmente disponível na natureza

o   Elevada rigidez

o   Capacidades tribológicas excepcionais.

o   Dureza e qualidades de flexão melhoradas

o   Facilmente maleável em muitas formas

o   Excelentes propriedades de tração e de impacto.

A atratividade do sistema estende-se tanto a regiões rurais como urbanas devido à grande disponibilidade de fibras naturais. A presente invenção visa desenvolver uma substância ecologicamente correta, sustentável e decomponível para a produção de carcaças de computadores portáteis. Os sistemas atualmente existentes não possuem as caraterísticas anteriormente descritas. O material sugerido através desta inovação patenteada são os compósitos de fibra de areca com uma percentagem de peso de 20%. A Figura 5.1 mostra o processo de preparação de laminados através da técnica de moldagem por compressão. O projeto sugerido para a criação de painéis e mangas de gadgets é construído de acordo com as medidas especificadas utilizando estas folhas. A Figura 5.2 ilustra as fases sequenciais da produção de materiais renováveis e biodegradáveis utilizados no fabrico de painéis e mangas para computadores e computadores portáteis. As vantagens da utilização deste material proposto são enumeradas na figura 5.3.

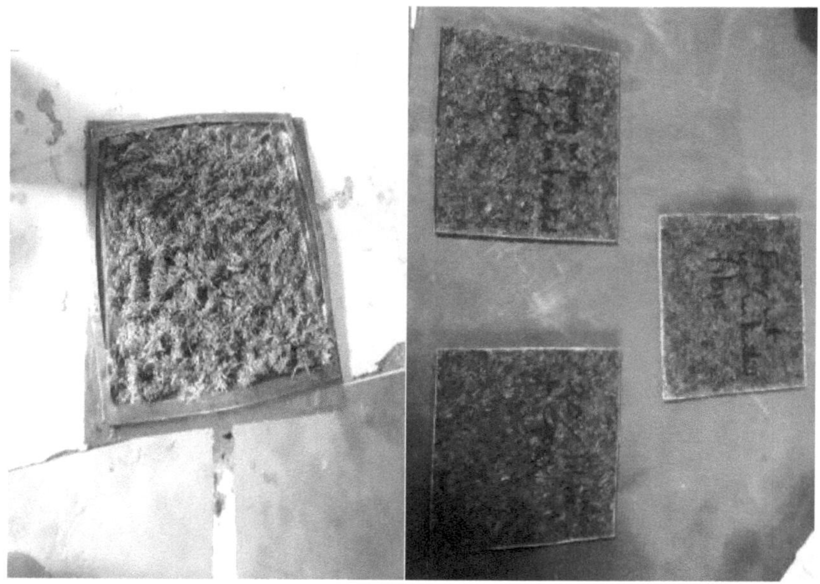

Figura 4.1 Preparação do espécime para a ideia patenteada

Figura 4.2 Etapas envolvidas no fabrico da ideia patenteada

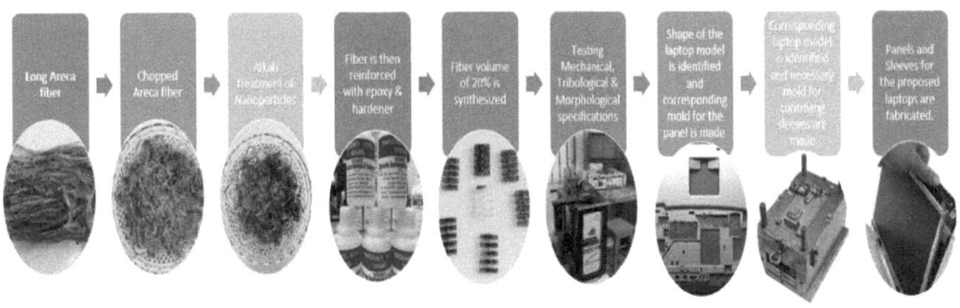

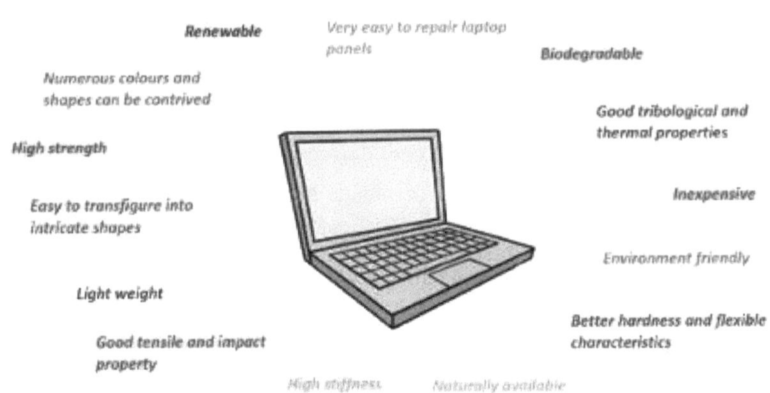

Figura 4.3 Benefícios da incorporação da ideologia proposta

4.2.2 Criação de capas para o punho do acelerador utilizando compósitos de borracha natural reforçados com fibra de areca

Esta invenção combina fibras de areca, uma fibra natural que tem sido utilizada para melhorar as caraterísticas mecânicas dos compósitos, com borracha natural, um material que é frequentemente utilizado em revestimentos de punhos de aceleradores. O produto resultante é uma cobertura do punho do acelerador com propriedades antiderrapantes, melhorando a aderência e o controlo do utilizador. Este conceito pode ser potencialmente aplicado no sector automóvel, nomeadamente para melhorar a tração dos revestimentos dos volantes.

As coberturas do punho do acelerador são frequentemente utilizadas em scooters, motociclos e outros veículos equipados com guiador para oferecer aos condutores uma aderência agradável e firme. No entanto, estes revestimentos podem ficar escorregadios quando expostos à humidade ou à gordura, constituindo um perigo para o condutor. Em resposta a este problema, cientistas e produtores criaram uma gama de substâncias e revestimentos antiderrapantes especificamente concebidos para os revestimentos dos punhos do acelerador.

Um método eficaz envolve o aumento das qualidades mecânicas da borracha natural através da incorporação de fibras de noz de areca para o fabrico de produtos patenteados. As fibras de areca são utilizadas nestas coberturas para melhorar as propriedades dos tipos de coberturas existentes atualmente no mercado. Estas fibras são obtidas a partir da folha da noz de areca.

Nos últimos tempos, tem havido um fascínio crescente pela criação de materiais sustentáveis e amigos do ambiente para uma série de utilizações, como nos sectores automóvel e dos transportes. A utilização de fibras de Areca em compósitos de borracha natural oferece uma solução renovável que melhora a sustentabilidade ambiental dos revestimentos dos punhos do acelerador e depende menos de materiais sintéticos. Esta ideia oferece uma solução superior e amiga do ambiente para o problema dos revestimentos dos punhos do acelerador que são escorregadios, utilizando uma combinação de borracha natural e fibras de areca.

As reivindicações do inventor sobre esta invenção são descritas de seguida:

o   O produto "Coberturas antiderrapantes para punhos de aceleradores utilizando compósitos de borracha natural reforçados com fibra de areca" visa aumentar o conforto do utilizador, fornecendo coberturas para punhos que evitam o deslizamento.

o   O produto apresenta uma durabilidade excecional e ultrapassa a dureza das pinças atualmente disponíveis.

o   O produto é universalmente adaptável para utilização numa gama diversificada de veículos, desde os que têm guiador com ou sem mudanças até aos veículos convencionais e eléctricos.

A tampa antiderrapante do acelerador é um componente especializado que pode ser utilizado em vários tipos de mecanismos de aceleração. O seu principal objetivo é evitar o deslizamento e aumentar a capacidade do operador de manter uma aderência firme enquanto manipula o acelerador. Este produto é feito de borracha natural e fibra de areca. A fibra produzida a partir da casca da palmeira areca é robusta, maleável e capaz de se decompor naturalmente, o que a torna adequada para uma vasta gama de utilizações. Além disso, proporciona uma melhor fricção e aderência. Possui uma notável resistência à tração, resistência ao rasgamento e uma elasticidade excecional, o que lhe permite sofrer alongamentos e recuperações repetidas sem qualquer distorção. As qualidades inerentes à borracha natural tornam-na muito adequada para a produção deste artigo. A tampa do acelerador, concebida para evitar o deslizamento, melhora a segurança e aumenta o controlo numa vasta gama de aplicações. É especialmente vantajosa em situações que requerem uma regulação precisa e uniforme do acelerador. A tampa apresenta um design ergonómico que garante um funcionamento agradável e reduz eficazmente a fadiga do operador durante uma utilização prolongada. A instalação deste dispositivo é simples. Em suma, a tampa do acelerador antiderrapante é uma solução pragmática e eficaz que melhora a compreensão e a gestão do funcionamento do acelerador. Antes do fabrico deste produto inovador, foram efectuados vários testes a este material compósito, incluindo análises mecânicas, térmicas, tribológicas e morfológicas. Este produto tem várias vantagens, incluindo biodegradabilidade, acessibilidade, renovabilidade, alta resistência, alta rigidez, leveza, respeito pelo ambiente, disponibilidade natural e fortes propriedades de tração e impacto. O produto final é uma cobertura do punho do acelerador com propriedades antiderrapantes, que melhora a aderência e o controlo do condutor. Este material ambientalmente consciente e duradouro diminui a dependência de substâncias artificiais e aumenta a sustentabilidade ecológica dos revestimentos dos punhos do acelerador. A ideia é promissora para várias aplicações no sector automóvel, especificamente para melhorar a tração dos revestimentos dos volantes.

A utilização do material proposto pode ser muito vantajosa para as coberturas das pinças de aceleração devido às enormes vantagens que oferece. Possui resistência à abrasão, qualidades antiderrapantes e uma resistência à tração excecional. Por outro lado, a borracha natural é frequentemente utilizada no fabrico de coberturas das pinças do acelerador devido à sua qualidade duradoura e à sua excecional aderência.

O material compósito, feito através do reforço de borracha natural com fibra de areca, combina sinergicamente as caraterísticas de ambos os componentes para produzir uma substância muito robusta, antiderrapante e ecológica. A sustentabilidade do compósito de borracha natural reforçado com fibras de areca como material reciclável e biodegradável é uma das vantagens da sua utilização. A utilização deste material pode minimizar os resíduos criados durante o processo de fabrico, tornando-o assim uma opção ecológica. Além disso, este produto patenteado tem caraterísticas antiderrapantes excepcionais, melhorando assim a tração das coberturas das pinças do acelerador. A aplicação desta medida pode aumentar a segurança durante os passeios e atenuar os contratempos resultantes da utilização de punhos de acelerador escorregadios. Inicialmente, a fibra de areca é classificada com base no seu comprimento, que inclui 3 mm, 6 mm e 9 mm. De seguida, a fibra é submetida a um tratamento químico com substâncias como o ácido esteárico, enxofre, óxido de zinco, etc. Posteriormente, optámos por borracha natural de grau RSS5. As fibras de areca são posteriormente misturadas com borracha RSS5 para formar o material proposto. Para garantir uma dispersão uniforme das fibras no interior da borracha, está a ser utilizado um moinho de dois rolos. No processo de moldagem, são utilizadas técnicas de moldagem por compressão ou de moldagem por injeção. Posteriormente, as coberturas concluídas são submetidas a ensaios exaustivos para avaliar as suas diversas qualidades. A figura 5.4

ilustra um material alternativo para a produção de revestimentos antiderrapantes para punhos de aceleradores, em substituição do material tradicional.

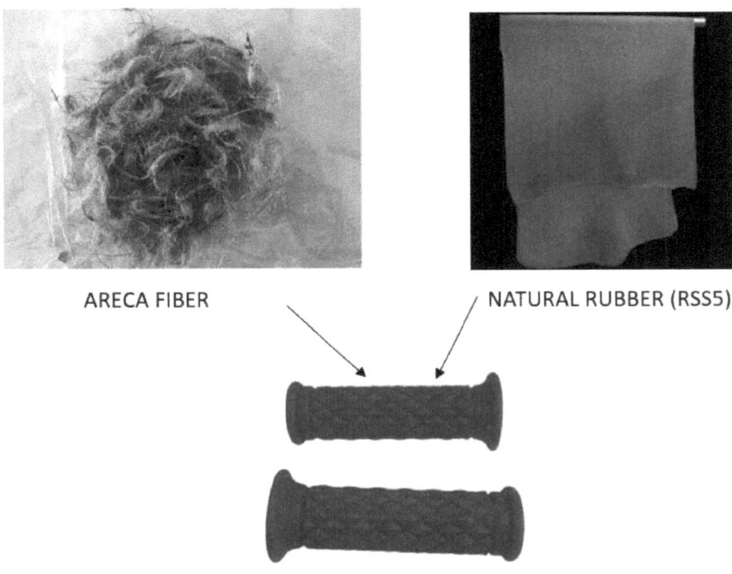

Figura 4.4 Uma alternativa aos tipos de cobertura existentes utilizados para as pinças de aceleração

As vantagens significativas da utilização de uma cobertura antiderrapante para o punho do acelerador feita de compósitos de borracha natural reforçada com fibra de areca estão listadas na figura 5.5. Já a figura 5.6 demonstra a abordagem seqüencial utilizada para a fabricação dessas capas.

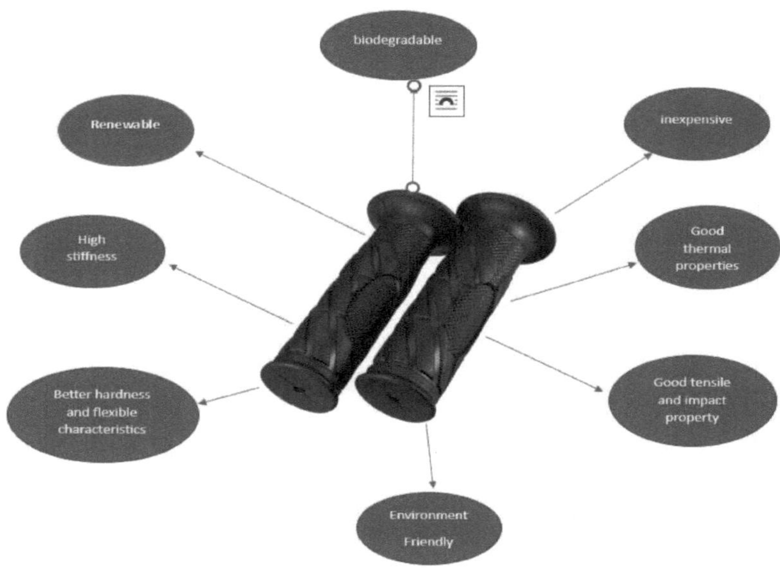

Figura 4.5 As vantagens da utilização de coberturas feitas com o material patenteado

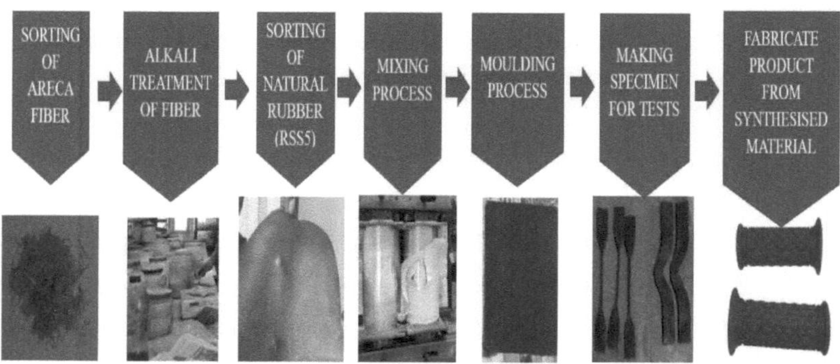

Figura 4.6 Abordagem sequencial para o fabrico de revestimentos antiderrapantes para punhos de aceleradores

Referências

1.   Abdalla, A. Ab. Rashdi, Mohd Sapuan Salit, Khalina Abdan e Megat M.H.M. (2010) Comportamento de absorção de água de compósitos de poliéster insaturado reforçados com kenaf e sua influência nas suas propriedades mecânicas. Pertanika . Ciência e Tecnologia. 18 (2): 433 - 440.

2.   Ahmad, S. H., Bonnia, N., Zainol, I., Mamun, A. A. e Bledzki, A. K. (2010) Compósitos de poliéster-kenaf: efeitos do tratamento de fibras alcalinas e do endurecimento da matriz com borracha natural líquida, Composite Materials. 45(2): 203 - 217.

3.   Andjelkovic, D. D., Culkin, D. A., e Loza, R. (2009) Resinas de poliéster insaturado derivadas de recursos renováveis. COMPOSITES & POLTCON, Associação Americana de Fabricantes de Compósitos, 15-17 de janeiro.

4.   Andersons, J., Sparnins, E. e Joffe, R. (2006) Stiffness and strength of flax fiber/polymer matrix composites. Polymer Composites, 27(2):221-229

5.   Acha, B.A., Marcovich, N.E., Reboredo, M.M. (2005) Caracterização física e mecânica de compósitos de tecido de juta. Applied Polymer Science, 98:639- 650.

6.   Acha, B. A., Reboredo, M. M. e Marcovich, N. E. (2007) Comportamento mecânico dinâmico e de fluência de compósitos PP-juta: Efeito da adesão interfacial. Composites Part A: Applied Science and Manufacturing, 38(6): 1507-1516.

7.   Anshid, A., Haneef, A., Panampilly Bindu, Indose Aravind e Sabu Thomas (2008) Estudos sobre as propriedades de tração e flexão de compósitos de poliestireno reforçado com fibras híbridas curtas de banana/vidro. Journal of Composite Materials,42(15).

8.   Aguilar-Veaga M. e Cruz-Ramos C. A. (1995), Properties of henequen cellulosic fibers. Applied. Ciência dos Polímeros, 56: 1245.

9.   Alger, M.S.M. (1996) Polymer Science Dictionary. 2nd : Chapman and Hall.

10.   Al-Sagheer F. e Muslim S. (2010) Propriedades térmicas e mecânicas de compósitos híbridos de quitosano/sio2. Journal of Nanmaterials, ID 490679, 7 páginas. Artigo de investigação

11.   Alireza A. (2004) Desenvolvimento de papel de impressão de alta qualidade utilizando fibras de kenaf (hibiscus cannabinus). Tese de doutoramento, Universidade Putra Malásia

12.   Amar K. Mohantt , Misra M., Lawrence T. Drzal. (2005) Natural fibers, biopolymers, and biocomposites , Book.

13.   Anand, R., Sanadi, Daniel F. Caulfield, Rodney E. Jacobson e Roger M. Rowell. (1995) Renewable agricultural fibers as reinforcing fillers in plastics: mechanical properties of kenaf - polypropylene composites, Reimpresso de I&EC RESEARCH, 34.

14.	Anuar, H. e Zuraida, A. (2011) Propriedades térmicas de bicompósitos de ácido poliláctico-fibra de kenaf moldados por injeção. Malaysian Polymer.6 (1):51-57.

15.	Anshid, A., Haneef, A., Panampilly Bindu, Indose Aravind e Sabu Thomas (2008) Estudos sobre as propriedades de tração e flexão de compósitos de poliestireno reforçado com fibras híbridas curtas de banana/vidro. Journal of Composite Materials,42(15).

16.	Arib, R.M.N., Sapuan, S.M., Ahmad, M.M.H.M., Paridah M.T.e Khairul Zaman, H.M.D. (2006) Mechanical properties of pineapple leaf fiber reinforced polypropylene composites. Material and Design, 27: 391-396.

17.	ASTM D2734 - 94(2003) Standard test methods for void content of reinforced plastics (Métodos de ensaio normalizados para o teor de vazios de plásticos reforçados).

18.	Åström, B.T. (1997) Manufacturing of polymer composites. Chapman & Hall, Londres.

19.	Atta, A., Elnagdy S., Abdel-Raouf S., Elsaeed S. M. e Abdel-Azim A. (2005) Propriedades de compressão e comportamento de cura de resinas de poliéster insaturadas na presença de resinas de éster vinílico derivadas de poli (tereftalato de etileno) reciclado. Polymer Research Journal, 12: 373-38.

20.	Aziz, S. H., Ansell, M. P. (2004) O efeito da alcalinização e do alinhamento das fibras nas propriedades mecânicas e térmicas de compósitos de fibras de kenaf e cânhamo: parte 1 - matriz de resina de poliéster. Ciência e Tecnologia de Compósitos, (63).

21.	Azura, N. M. (2007) Síntese, caraterização e propriedades das novas resinas de poliéster insaturado para aplicação em compósitos, Tese de Mestrado em Ciências.

22.	Banik, K., Abraham, T. N., Karger-Kocsis, J. (2007) Flexural creep Behavior of unidirectional and cross-ply all-poly (propylene) (PURE (R)) composites. Materiais e Engenharia Macromoleculares, 292: 1280-1288.

23.	Banik, K., Karger-Kocsis, J., Abraham, T. (2008) Fluência por flexão de todos os compósitos de polipropileno: Análise de modelos. Engenharia e Ciência de Polímeros, 48: 941-948.

24.	Barbero, J.B. and Damiani, T.M. (2002) Phenomenological prediction of tensile strength of E-glass composites from available aging and stress corrosion data. Documento MSC.doc.

25.	Batra, S. K. (1983) Other long vegetable fibers: abaca, banana, sisal, henequen, flax, hemp, sunn and coir, in Handbook of Fiber Science and Technology, IV, M Lewin and E. M. Pearce, Eds., Marcel Dekker, New York: 727.-807.

26.	Barbalace, K. (1995-2011, 08 22). Base de dados de produtos químicos. Recuperado em 20 de maio de 2011, de Methyl ethyl ketone peroxide,Environmental Chemistry.com: http://environmentalchemistry.com

27.	Beckermann,G (2007) Desempenho de materiais compósitos de polipropileno reforçados com fibras de cânhamo. Tese de doutoramento em Engenharia de Materiais e Processos. Universidade de WAIKATO.

28.   Beg MDH (2007) The improvement of interfacial bonding, weathering and recycling of wood fiber reinforced polypropylene composite, tese de doutoramento, Universidade de WAIKATO, Nova Zelândia.

29.   Beheshty, M., Nasiri, H. e Vafayan, M. (2005) Estudos de tempo de gel e comportamentos exotérmicos de uma resina de poliéster insaturada iniciada e promovida com sistemas duplos. Iranian Polymer Journal, 14: 990-999.

30.   Bel-Berger, P., Hoven, T.V., Ramaswamy, G. N, Kimmel, L., e Boylson, E. (1999) Textile technology, cotton/kenaf fabrics: a viable natural fabric. The Journal of Cotton Science, (3).

31.   Beijing, B. S. (2003) Melhoramento do fio de kenaf para aplicações em vestuário. Tese para obtenção do grau de Mestre em Ciências. Escola de Ecologia Humana, Universidade de Tecnologia Química, Louisiana State University.

32.   Bert, N. (2002) Kenaf fibers presentation of the 5th Annual Conference of The America Kenaf Society. 7-9 de novembro, Memphis, TN.

33.   Bledzki, A. K. e Gassan J. (1999) Compósitos reforçados com fibras à base de celulose. Progress Polymer Science,24(221).

34.   Betten, J. (2002) Creep Mechanics; Springer: Nova Iorque

35.   Betten, J., (2005) Creep Mechanics: 2ª Ed., Springer

36.   Bonnia, N.N., Ahmad, SH., Zainol, I., Mamun, A.A., Beg, M.D.H. e Bledzki A.K. (2010) Propriedades mecânicas e resistência à fissuração por tensão ambiental do compósito de poliéster/kenaf temperado com borracha. eXPRESS Polymer Letters, 4, (2):55-61

37.   Bos, H.L., Van Den Oever, M.J.A., O.C.J.J. (2002) Propriedades de tração e compressão de fibras de linho para compósitos reforçados com fibras naturais. Ciência dos Materiais, 37: 1683-1692.

38.   Bos, H. (2004) The potential of flax fibers as reinforcement for composite materials, tese de doutoramento, Technische Universiteit Eindhoven, Países Baixos, ISBN 90-386-3005-0

39.   Bowen, C.R., Dent, A.C., Stevens, R., Cain, M. e Stewart, M. (2005) Determination of critical and minimum volume fraction for composite sensors and actuators, in 4March, Conference on Multi-Material Micro Manufacture, Elsevier: Karslruhe, Germany.

40.   Buzarovska A., Bogoeva G., Grozdanov A., Avella M., Gentile G.,and Errico M. (2008) Potential use of rice straw as filler in eco-composite materials. Australian Journal of Crop Science. (2): 37-42.

41.   Boyer, R. F. (1973) Glass temperatures of polyethylene. Macromolecules, 6(2): 288-299.

42.   Calamari, T. A., Tao, W. e Goynes, W. R. (1997) A Preliminary study of kenaf fiber bundles and their composite cells. Tappi Journal, 80 (8): 149-154.

43.   Cao, Y., Goda, K., Chen, H. (2007) Research and development of green composites, Chinese Journal Of Materials Research, 21(2): 119 - 125.

44.   Cao, Y., Shibata, S. e Fukumoto, I. (2006) Fabrication and flexural properties of bagasse fiber reinforced biodegradable composites, Macromolecular Science, Part B, 45(4): 463-474.

45.   Cazaurang-Martinez M. N., Herrear-Franco P. J., Gonzalez-Chi P. I., e Aguilar-Vega M.,(1991), Physical and mechanical properties of henequen fibers Applied. Polymer Science, 43(749).

46.   Cerit A, Ahmetli G e Kurbanli R. (2011) Effect of unsaturated keto-groups on physico-mechanical and thermal properties of modified polystyrene. Applied polymer Science, 121:1193-1202.

47.   Chen L., Columbus E. P., Pote J. W., Fuller M. J., e Black J. G., (1995), Kenaf Bast and Core Fiber Separation. Kenaf Association, Irving, TX: 15-19.

48.   Chen H.-L., and Porter R. S., (1994), Composites of polythylene and kenaf, a natural cellulose fiber. Applied. Polymer. Science, 54:1781.

49.   Chin L.S. (2008) Caracterização de compósitos poliméricos de fibras naturais para aplicação estrutural. Dissertação de Mestrado. Universidade Tecnológica da Malásia (UTM). Faculdade de Engenharia Civil. Faculdade de Engenharia Civil, Malásia.

50.   Clemons, G. Sanadi A. R (2007) Reinforced Plastics Composites, 26(15):1587

51.   Clemons C. M. (2002) Wood plastic composites in The United States (Compósitos de madeira e plástico nos Estados Unidos). J. Forest Products 52(6):10-18.

52.   Cook J. G., (1960), Handbook of textile fiber. Merrow Publishing, Watford, Reino Unido.

53.   Cook W. (1990) Composites and polymers. Polycot Polyester Products Applications Manual, 7th Edition, CCP.

54.   Coppens d'Eeckenbrugge, G. e Leal, F. (2003) Morfologia, anatomia e taxonomia. In: Bartholomew, DP, Paull, RE e Rohrbach, KG (eds) The Pineapple: Botany, Production and Uses. CABI Publishing, Oxon, UK:13-32.

55.   Cox, H. L., Brit, J. (1952) The Elasticity and strength of paper and other fibrous materials. Applied. Física Aplicada, 3: 72-79.

56.   Cyras, V. P., Martucci, J. F., Iannace, S. e Vazquez, A. (2002) Influência do teor de fibras e das condições de processamento no comportamento de fluência à flexão de compósitos de sisal-PCL-amido. Thermoplastic Composite Materials, 15(3): 253- 265.

57.   Dastoorian, F., Tajvidi, M. e Ebrahimi, G. (2010) Avaliação do comportamento dependente do tempo de um compósito de farinha de madeira/polietileno de alta densidade. Plástico Reforçado e Compósitos, 29 (1/2010): 132-143.

58.   De Albuquerque, A.C., Joseph, K., Hecker de Carvalho, L., e d'Almeida, J.R.M. (2000) Effect of wettability and ageing conditions on the physical and mechanical properties of uniaxially oriented jute-roving-reinforced polyester composites. Composites Science and Technology, 60(6): 833-844.

59.   Dhakal, H.N., Zhang, Z.Y. e Richardson, M.O.W. (2007) Efeito da absorção de água nas propriedades mecânicas de compósitos de poliéster insaturado reforçados com fibra de cânhamo. Ciência e Tecnologia de Compósitos, 6(19): 1674-1683

60. Manual DMA 2980, (2002).

61.   Du, Y., Zhang, J. e Xue, Y. A. (2008) Efeitos da temperatura-duração nas propriedades de tração dos feixes de fibras de kenaf bast (tabela estatística). Jornal de Produtos Florestais.

62.   Espert, A., Vilaplana, F. e Karlsson, S. (2004) Comparação da absorção de água em fibras celulósicas naturais de madeira e de culturas de um ano em compósitos de polipropileno e sua influência na sua mecânica. Composites Part: A, 35:1267-1276.

63.   Evans, W.J., Isaac, D.H., Suddell, B.C. e Crosky, A. (2002). Fibras naturais e seus compósitos: Uma perspetiva global. Nas Actas do 23º Simpósio Internacional Risoe sobre Ciência dos Materiais. Sustainable Natural and Polymeric Composites. Eds. Lilholt H. et al. Laboratório Nacional Risoe, Roskilde, Dinamarca. 1-14.

64.   França, P.W., Duncan, D.J., Smith, D.J. e Beales, K.J. (1983). Resistência e fadiga de fibras de vidro ópticas multi-compósitos. Ciência dos Materiais,.18: 785-792.

65.   Feng, C.C. (2011) Creep behaviour of wood-plastic composites. Tese de doutoramento, Universidade de British Columbia, Vancouver.

66.   Ferry, J. D. (1980). Viscoelastic properties of polymers, 3rd Edition, Wiley, New York.

67.   Fukuda, H. e Takao, Y. (2000), Thermoelastic properties of discontinuous fiber composites. Comprehensive Composite Material, 1(13): 377-401.

68.   Gamstedt, E. K. e Almgren, K. M. (2007) Natural fiber composites -with special emphasis on effects of the interface between cellulosic fibers and polymers. Actas do 28th Rισ∅ Simpósio Internacional de Ciência dos Materiais.

69.   Gharles, L., Harbans, L, e Venita, K. (2002) Kenaf production: fiber, feed and seed, trends in new crops and new uses. ASHS Press, Alexandria, VA.

70.   Osorio, L., Trujillo, E., Van Vuure, A. W., & Verpoest, I. (2011). Aspectos morfológicos e propriedades mecânicas de fibras de bambu simples e caraterização flexural de compósitos de bambu / epóxi. Jornal de plásticos reforçados e compósitos, 30(5), 396-408.

71.   Pal, H., Jit, N., Tyagi, A. K., & Sidhu, S. (2011). Metal casting-a general review. Advances in Applied Science Research, 2(5), 360-371.

72.   Pandey, J. K., Ahn, S. H., Lee, C. S., Mohanty, A. K., & Misra, M. (2010).

Avanços recentes na aplicação de compósitos à base de fibras naturais. Macromolecular materials and engineering, 295(11), 975-989.

73. Pathania, D., & Singh, D. (2009). Uma revisão das propriedades eléctricas dos compósitos de polímeros reforçados com fibras. Revista internacional de ciências teóricas e aplicadas, 1(2), 34-37.

74. Pathania, D., Singh, D., & Sharma, D. (2010). Propriedades eléctricas de compósitos de fenol formaldeído reforçados com co-polímero de enxerto de fibra natural. Optoelectrónica e Materiais Avançados-Comunicações Rápidas, 4(julho 2010), 1048-1051.

75. Patil, P. R., Rakesh, S. U., Dhabale, P. N., & Burade, K. B. (2009). Actividades farmacológicas de Areca catechu Linn.-uma revisão. Journal of Pharmacy Research, 2(4), 683-687.

76. Purushotham, B., Narayanaswamy, P., Simon, L., Shyamalamma, S., Mahabaleshwar, H., & Jayapalogwdu, B. (2008). Relação genética entre cultivares de noz de areca (Areca catechu L.) determinada por RAPD. The Asian and Australian Journal of Plant Science and Biotechnology, 2(1), 31-35.

77. Rajak, D. K., Pagar, D. D., Menezes, P. L., & Linul, E. (2019). Compósitos de polímeros reforçados com fibras: Fabricação, propriedades e aplicações. Polímeros, 11(10), 1667.

78. Rajak, D. K., Wagh, P. H., & Linul, E. (2022). Uma revisão sobre fibras sintéticas para compósitos de matriz polimérica: desempenho, modos de falha e aplicações. Materials, 15(14), 4790.

79. Rajan A, et al. (2005). Bioactive Polymer Engineering , RRL (CSIR), Trivandrum 695019, Índia.

80. Ramakrishnan, S., Krishnamurthy, K., Rajasekar, R., & Rajeshkumar, G. (2019). Um estudo experimental sobre o efeito da adição de nano-argila no comportamento mecânico e de absorção de água de compósitos epóxi reforçados com fibra de juta. Jornal de Têxteis Industriais, 49(5), 597-620.

81. Rasmussen, L. E. (2011). Degradação controlada de heteropolissacarídeos catalisada por enzimas: xilanos (Dissertação de doutoramento, Tese de doutoramento, Departamento de Engenharia Química e Bioquímica, Dinamarca).

82. Rong, M. Z., Zhang, M. Q., Liu, Y., Yang, G. C., & Zeng, H. M. (2001). O efeito do tratamento da fibra nas propriedades mecânicas de compósitos epóxi reforçados com sisal unidirecional. Composites Science and technology, 61(10), 1437-1447.

83. Saba, N., Md Tahir, P., & Jawaid, M. (2014). Uma revisão sobre a potencialidade de compósitos híbridos de polímeros preenchidos com nano filler / fibra natural.

Polímeros, 6(8), 2247-2273.

84. Saba, N., Paridah, M. T., & Jawaid, M. (2015). Propriedades mecânicas do compósito de polímero reforçado com fibra de kenaf: Uma revisão. Construção e materiais de construção, 76, 87-96.

85. Saba, N., Paridah, M. T., & Jawaid, M. (2015). Propriedades mecânicas do compósito de polímero reforçado com fibra de kenaf: Uma revisão. Construção e materiais de construção, 76, 87-96.

86. Saba, N., Paridah, M. T., Jawaid, M., Abdan, K., & Ibrahim, N. A. (2015). Fabricação e processamento de compósitos epóxi reforçados com fibra de kenaf por meio de diferentes métodos. Fabrico de compósitos de polímeros reforçados com fibras naturais, 101-124.

87. Sahay, R., Agarwal, K., Subramani, A., Raghavan, N., Budiman, A. S., & Baji, A. (2020). Película fina de álcool polivinílico reforçada com fibras de poliacrilonitrilo dispostas helicoidalmente, forte e resistente ao impacto, possibilitada pela fabricação aditiva baseada em eletrofiação. Polymers, 12(10), 2376.

88. Saheb, D. N., & Jog, J. P. (1999). Compósitos de polímeros de fibras naturais: uma revisão. Advances in Polymer Technology: Journal of the Polymer Processing Institute, 18(4), 351-363.

89. Salman, S. D., & Leman, Z. B. (2018). Propriedades físicas, mecânicas e balísticas do polivinil butiral reforçado com fibra de kenaf e seus compósitos híbridos. Em éster vinílico reforçado com fibra natural e compósitos de polímero vinílico (pp. 249-263). Woodhead Publishing.

90. Shah, A. U. M., Sultan, M. T. H., Jawaid, M., Cardona, F., & Talib, A. R. A. (2016). Uma revisão sobre as propriedades de tração de compósitos de polímero reforçado com fibra de bambu. BioResources, 11(4), 10654-10676.

91. Shahzad, A. (2012). Fibra de cânhamo e seus compósitos - uma revisão. Jornal de materiais compósitos, 46(8), 973-986.

92. Shrivastava, A. (2018). Introdução à engenharia de plásticos. William Andrew.

93. Siamardi, K., & Shabani, S. (2021). Avaliação do efeito da fibra micro-sintética no comportamento mecânico e de congelamento-descongelamento do pavimento de betão compactado a rolo sem entrada de ar usando a metodologia de superfície de resposta. Construction and Building Materials, 295, 123628.

94. Singha, A. S., & Thakur, V. K. (2008). Propriedades mecânicas de compósitos de polímeros reforçados com fibras naturais. Boletim de Ciência dos Materiais, 31, 791-799.

95.   Srinivasa, C. V. (2012). Absorção de água de compósitos poliméricos reforçados com fibra de Areca. Avanços na tecnologia de polímeros, 31, 319-330.

96.   Sujon, M. A. S., Islam, A., & Nadimpalli, V. K. (2021). Propriedades de amortecimento e absorção sonora de compósitos de matriz polimérica: Uma revisão. Teste de polímero, 104, 107388.

97.   Summerscales, J., Dissanayake, N. P., Virk, A. S., & Hall, W. (2010). Uma revisão das fibras liberianas e dos seus compósitos. Parte 1-Fibras como reforços. Composites Part A: Applied Science and Manufacturing, 41(10), 1329-1335.

98.   Taj, S., Munawar, M. A., & Khan, S. (2007). Compósitos de polímeros reforçados com fibras naturais. Proceedings-Pakistan Academy of Sciences, 44(2), 129.

I want morebooks!

Buy your books fast and straightforward online - at one of world's fastest growing online book stores! Environmentally sound due to Print-on-Demand technologies.

Buy your books online at
www.morebooks.shop

Compre os seus livros mais rápido e diretamente na internet, em uma das livrarias on-line com o maior crescimento no mundo! Produção que protege o meio ambiente através das tecnologias de impressão sob demanda.

Compre os seus livros on-line em
www.morebooks.shop